JN303628

数学基礎コース＝C1

基本 線形代数

坂田 浩・曽布川 拓也 共著

サイエンス社

サイエンス社のホームページのご案内
http://www.saiensu.co.jp
ご意見・ご要望は　rikei@saiensu.co.jp　まで.

まえがき

　本書は情報系などの工学系，経済，心理などの人文・社会系，また医療福祉・看護系などを志す人たちのための「線形代数学」の教科書または入門参考書として書かれたものです．

　数学を使う人に「線形代数学とはどういうものか」と聞けば「もっとも大切な基本」であるという答えが返ってくることは間違いありません．しかしその内容については

- 文字通り「代数学の基本」である
- 図形の問題への応用が豊かなので「幾何学の基本」である
- 情報・統計データなどの基本である
- 線形作用素(変換)の性質を扱うことから，関数解析学の初歩である

などなど，それぞれの専門に応じて色々な考えを聞くことができるでしょう．

　一方，学問が複雑多岐にわたっている昨今では，このような基礎的な数学をじっくり勉強する余裕がない人も多いようです．むしろとりあえず必要な内容を学び，専門的な分野に踏み出したあとで必要に応じて基礎に戻ってより深く学ぶ方が効率がよく，また身につきやすい，という考えも成り立ちます．

　そこで本書では思い切って内容を精選し，上に挙げた分野を志す人たちが最低限必要な内容のみを取り扱うことにしました．その一方で，それぞれの内容について，特に計算の方法などをできるだけ丁寧に述べるようにしました．

　また，計算はできるが何となくわからない，という人のために，直観的な理解の助けになるような独自の工夫を導入しました．本書を通じて「線形代数は怖くない」と思ってもらえれば幸いです．

　著者たちは本書の執筆にあたり，「寺田文行・木村宣昭共著　基本演習線形代数」(サイエンス社)から多くの教示を受けました．ここに厚く御礼申し上げます．

　最後に，なかなか仕事の進まない私たちをを叱咤激励し，作成に際して終始ご尽力いただいた編集部の田島伸彦氏，渡辺はるか女史に深く感謝致します．

2005 年 10 月 31 日

坂田　浩　曽布川 拓也

本書の構成

左側のページ 数学の学習は，問題を解くことではなくて，正しい考え方を理解することからはじまります．このページには学習する事柄やその考え方が丁寧に書いてあるので，しっかり読むことが大切です．

右側のページ 左側のページの理解を助けるための図や，身につけた考え方を使って解くことができる『例』があります．解答を<u>紙に書きながら</u>左側のページの考え方を自分のものにしてください．

問（下欄） 『問』は<u>必ず書いて</u>解いてください．解けても，解けなくても，正しい解答と自分の解答を比べてみてください．このプロセスこそが大切なのです．これらが，しっかりとできていればあとの学習は無理なく進められます．

演習問題 各章の終わりには理解を確実なものにするための演習問題を集めました．わからないときは本文にもどり，もう一度読みなおしてください．

このように一題一題解いていくうちに，理解がより深まり，確かな力が付いてきます．最後に下欄にある『演習』に挑戦してみてください．

目　　次

第0章　線形代数の基礎概念　　1

0.1　1次変換と行列 2
0.2　1次変換の合成と行列の積 4
0.3　逆変換と逆行列 6
0.4　1次変換の線形性 8
　　演　習　問　題 10

第1章　行　　列　　11

1.1　行 列 の 定 義 12
1.2　行列の演算の法則 20
1.3　数の演算との相異点，正則行列，逆行列 22
1.4　指数と指数法則，行列のブロック分割 26
　　演　習　問　題 28
　　問　の　解　答 32
　　演習問題解答 33

目次

第2章 連立1次方程式　35

- **2.1** 基本変形，階数 … *36*
- **2.2** 連立1次方程式の解法 … *46*
- **2.3** 基本行列，逆行列の求め方 … *50*
- 演習問題 … *54*
- 研究 … *56*
- 問の解答 … *57*
- 演習問題解答 … *60*

第3章 行列式　63

- **3.1** 行列式の定義 … *64*
- **3.2** 行列式の性質 … *70*
- **3.3** 余因子展開，逆行列と連立1次方程式への応用 … *78*
- 演習問題 … *86*
- 研究 … *90*
- 問の解答 … *92*
- 演習問題解答 … *94*

第4章 ベクトルとベクトル空間　97

- **4.1** ベクトル … *98*
- **4.2** ベクトルの線形演算 … *100*
- **4.3** ベクトルの内積 … *102*
- **4.4** ベクトルの一次独立・一次従属 … *104*

4.5	平面上のベクトル 106
4.6	空間上のベクトル 108
4.7	図形的なベクトルと数ベクトルの演算 110
4.8	ベクトルの一次独立性の判定法 112
4.9	ベクトル空間 114
4.10	部 分 空 間 116
	演 習 問 題 118
	研　　究 121
	問 の 解 答 122
	演習問題解答 124

第 5 章　線形変換とその固有値・固有ベクトル　　125

5.1	線 形 変 換 126
5.2	逆変換と正則な線形変換 128
5.3	線形変換と図形 130
5.4	固有値と固有ベクトル 134
	研　　究 141
5.5	正方行列の正則行列による対角化 142
5.6	対 角 化 の 応 用 144
	演 習 問 題 146
	問 の 解 答 149
	演習問題解答 154

索　引 155

第 0 章

線形代数の基礎概念

本章の目的　「線形」とは何か.「行列」とは何か.

この章では行列や 1 次変換（線形変換）について初めて学ぶ人のために，その基本的な考え方を，もっとも簡単な場合 (主として 2 次元の場合) について概観する．すでにこうしたことを学んだことがある人には必要ないかもしれないし，重複する内容も多いので，1 章から読み始めてもらっても構わない．

一方で，大学での「行列」,「線形変換」の扱い方は高校までのものとは異なることも多く，戸惑う人もあるだろう．そうした人たちにも参考になるかもしれない．

本章の内容

0.1 　1 次変換と行列
0.2 　1 次変換の合成と行列の積
0.3 　逆変換と逆行列
0.4 　1 次変換の線形性

0.1　1次変換と行列

まずは多くの人たちに評判が悪い，次の問題を考えることにしよう．

> **例 0.1（1次変換とは）** ① の容器に濃度 x_1 ％ の食塩水が 1200g，② の容器に濃度 x_2 ％ の食塩水が 1000g はいっている．両方の容器から食塩水を 300g ずつ取り出し，これらを逆の容器に戻したところ，① の容器の食塩水の濃度が x_1' ％，② の容器の食塩水の濃度が x_2' ％ になったという．x_1', x_2' を x_1, x_2 の式で表しなさい（⇨図 0.1）．

この操作を「操作 A」と名付けることにしよう．

$$\text{食塩の重さ} = \text{全体の重さ} \times \frac{\text{濃度 (\%)}}{100}$$

である．① の容器から取り出した 300g の食塩水中の食塩の重さは $300 \times \dfrac{x_1}{100}$(g)，残った食塩水中の食塩の重さは $900 \times \dfrac{x_1}{100}$(g) とわかる．② の容器についても，取り出した食塩は $300 \times \dfrac{x_2}{100}$(g)，残った食塩は $700 \times \dfrac{x_2}{100}$(g) である．

そして入れかえ操作を 1 回行うと，

① は 1200(g) の食塩水，その中に食塩は $900 \times \dfrac{x_1}{100} + 300 \times \dfrac{x_2}{100}$(g)

② は 1000(g) の食塩水，その中に食塩は $300 \times \dfrac{x_1}{100} + 700 \times \dfrac{x_2}{100}$(g)

あることがわかるので，

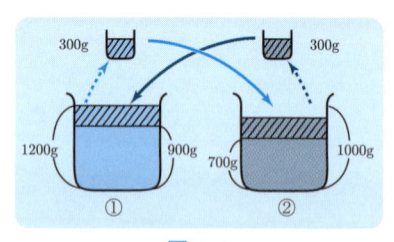

図 0.1

$$900 \times \frac{x_1}{100} + 300 \times \frac{x_2}{100} = 1200 \times \frac{x_1'}{100}$$

$$300 \times \frac{x_1}{100} + 700 \times \frac{x_2}{100} = 1000 \times \frac{x_2'}{100}$$

すなわち

$$\begin{cases} x_1' = \dfrac{3}{4}x_1 + \dfrac{1}{4}x_2 \\ x_2' = \dfrac{3}{10}x_1 + \dfrac{7}{10}x_2 \end{cases} \tag{0.1}$$

という結果が得られる．これをみやすくするために

$$\begin{bmatrix} x'_1 \\ x'_2 \end{bmatrix} = \begin{bmatrix} \frac{3}{4} & \frac{1}{4} \\ \frac{3}{10} & \frac{7}{10} \end{bmatrix} \begin{bmatrix} x_1 \\ x_2 \end{bmatrix} \tag{0.2}$$

と表すことにしよう．ここに表れる

$$\begin{bmatrix} x'_1 \\ x'_2 \end{bmatrix} \quad \text{や} \quad \begin{bmatrix} \frac{3}{4} & \frac{1}{4} \\ \frac{3}{10} & \frac{7}{10} \end{bmatrix} \quad \text{や} \quad \begin{bmatrix} x_1 \\ x_2 \end{bmatrix}$$

のように，数や式を長方形型に並べて [ ] で括ったものを，**行列**という．行列の中で横の並び，例えば上の (0.2) の 2 つめの行列でいうと $\begin{array}{cc}\frac{3}{4} & \frac{1}{4}\end{array}$ や $\begin{array}{cc}\frac{3}{10} & \frac{7}{10}\end{array}$ の部分を**行**，$\begin{array}{c}\frac{3}{4} \\ \frac{3}{10}\end{array}$ や $\begin{array}{c}\frac{1}{4} \\ \frac{7}{10}\end{array}$ の部分を**列**という．1 つの行からだけなる行列を**行ベクトル**，1 つの列だけからなる行列を**列ベクトル**，という．上の (0.2) は順に「2 行 1 列」，「2 行 2 列」，「2 行 1 列」である．このような行と列の数を**行列の型**という．「2×1 型」，「2×2 型」などと表すこともある．

(0.1) をみると，x'_1, x'_2 が x_1, x_2 の 1 次式 (1 次の項のみからなる式) で表されている．言い換えれば x_1, x_2 を 1 次式 (0.1) によって「変換」すると x'_1, x'_2 が得られることになる．そしてそれがどのような変換なのかは，この行列 $A = \begin{bmatrix} \frac{3}{4} & \frac{1}{4} \\ \frac{3}{10} & \frac{7}{10} \end{bmatrix}$ にすべてが表されている．

このような変換を**1 次変換***といい，対応するこの行列 A を**表現行列**という．

問 0.1** 例では交換する食塩水の量は 300g ずつであったが，これを 400g ずつにしたらその変換の表現行列 B はどうなるだろうか．

---

* 1 次変換という言葉があるなら「2 次変換は無いのか？」，「3 次変換は？」ということになるだろう．おそらくこれまでも考えられたのだろうが，本書で取り扱うような形ではそれほど重要な理論にはならなかったようで，特に知られたものはない．

** 第 0 章は問，演習問題ともに解答は省略しました．

0.2　1次変換の合成と行列の積

2つの操作を組み合わせた次の問題を考えよう．

> **例 0.2（線形変換の積）** ① の容器に濃度 x_1 ％ の食塩水が 1200g，② の容器に濃度 x_2 ％ の食塩水が 1000g はいっている．両方の容器から食塩水を 300g ずつ取り出して入れかえる．続いて 400g ずつ取り出して入れかえて，① の容器の食塩水の濃度が x'_1 ％，② の容器の食塩水の濃度が x'_2 ％ になったという．x'_1, x'_2 を x_1, x_2 の式で表しなさい．

操作 A を行った結果，① の容器の食塩水の濃度が x''_1 ％，② の容器の食塩水の濃度が x''_2 ％ になったとすると，例 0.1 から $x''_1 = \frac{3}{4}x_1 + \frac{1}{4}x_2$, $x''_2 = \frac{3}{10}x_1 + \frac{7}{10}x_2$ となる．

そののち操作 B (p.3 の問 0.1 参照) を行ったのだから，問 0.1 から $x'_1 = \frac{2}{3}x''_1 + \frac{1}{3}x''_2$, $x'_2 = \frac{2}{5}x''_1 + \frac{3}{5}x''_2$ となる．

したがって，代入して整理すれば

$$\begin{cases} x'_1 = \left(\frac{2}{3} \times \frac{3}{4} + \frac{1}{3} \times \frac{3}{10}\right)x_1 + \left(\frac{2}{3} \times \frac{1}{4} + \frac{1}{3} \times \frac{7}{10}\right)x_2 = \frac{3}{5}x_1 + \frac{2}{5}x_2 \\ x'_2 = \left(\frac{2}{5} \times \frac{3}{4} + \frac{3}{5} \times \frac{3}{10}\right)x_1 + \left(\frac{2}{5} \times \frac{1}{4} + \frac{3}{5} \times \frac{7}{10}\right)x_2 = \frac{12}{25}x_1 + \frac{13}{25}x_2 \end{cases} \tag{0.3}$$

行列で表せば

$$\begin{bmatrix} x'_1 \\ x'_2 \end{bmatrix} = \begin{bmatrix} \frac{2}{3} \times \frac{3}{4} + \frac{1}{3} \times \frac{3}{10} & \frac{2}{3} \times \frac{1}{4} + \frac{1}{3} \times \frac{7}{10} \\ \frac{2}{5} \times \frac{3}{4} + \frac{3}{5} \times \frac{3}{10} & \frac{2}{5} \times \frac{1}{4} + \frac{3}{5} \times \frac{7}{10} \end{bmatrix} \begin{bmatrix} x_1 \\ x_2 \end{bmatrix} = \begin{bmatrix} \frac{3}{5} & \frac{2}{5} \\ \frac{12}{25} & \frac{13}{25} \end{bmatrix} \begin{bmatrix} x_1 \\ x_2 \end{bmatrix} \tag{0.4}$$

となる．一方この変換は，操作 A を行い，後に操作 B を行ったのだから

$$\begin{bmatrix} x'_1 \\ x'_2 \end{bmatrix} = \overbrace{\begin{bmatrix} \frac{2}{3} & \frac{1}{3} \\ \frac{2}{5} & \frac{3}{5} \end{bmatrix}}^{B} \overbrace{\begin{bmatrix} \frac{3}{4} & \frac{1}{4} \\ \frac{3}{10} & \frac{7}{10} \end{bmatrix}}^{A} \begin{bmatrix} x_1 \\ x_2 \end{bmatrix} \tag{0.5}$$

と表すこともできるだろう．さらに (0.4) と (0.5) を比べて

$$\begin{bmatrix} \frac{3}{4} & \frac{1}{4} \\ \frac{3}{10} & \frac{7}{10} \end{bmatrix} \times \begin{bmatrix} \frac{2}{3} & \frac{1}{3} \\ \frac{2}{5} & \frac{3}{5} \end{bmatrix} = \begin{bmatrix} \frac{2}{3} \times \frac{3}{4} + \frac{1}{3} \times \frac{3}{10} & \frac{2}{3} \times \frac{1}{4} + \frac{1}{3} \times \frac{7}{10} \\ \frac{2}{5} \times \frac{3}{4} + \frac{3}{5} \times \frac{3}{10} & \frac{2}{5} \times \frac{1}{4} + \frac{3}{5} \times \frac{7}{10} \end{bmatrix} \quad (0.6)$$

とみなしても，複雑ではあるが不自然ではない．

一般に $A = \begin{bmatrix} a & b \\ c & d \end{bmatrix}, B = \begin{bmatrix} p & q \\ r & s \end{bmatrix}$ に対してこれらの**行列の積** AB は

$$AB = \begin{bmatrix} a & b \\ c & d \end{bmatrix} \begin{bmatrix} p & q \\ r & s \end{bmatrix} = \begin{bmatrix} ap+br & aq+bs \\ cp+dr & cq+ds \end{bmatrix} \quad (0.7)$$

と定義される*．

同様に，2×2 型行列 $A = \begin{bmatrix} a & b \\ c & d \end{bmatrix}$ と列ベクトル $\boldsymbol{x} = \begin{bmatrix} x_1 \\ x_2 \end{bmatrix}$ の積は

$$A\boldsymbol{x} = \begin{bmatrix} a & b \\ c & d \end{bmatrix} \begin{bmatrix} x_1 \\ x_2 \end{bmatrix} = \begin{bmatrix} ax_1 + bx_2 \\ cx_1 + dx_2 \end{bmatrix} \quad (0.8)$$

と定義される．

問 0.2 次の行列の積を計算しなさい．

(1) $\begin{bmatrix} 1 & 3 \\ 4 & 2 \end{bmatrix} \begin{bmatrix} 5 & 3 \\ 2 & 4 \end{bmatrix}$　　(2) $\begin{bmatrix} 5 & 3 \\ 2 & 4 \end{bmatrix} \begin{bmatrix} 1 & 3 \\ 4 & 2 \end{bmatrix}$

(3) $\begin{bmatrix} 1 & -3 \\ 2 & -6 \end{bmatrix} \begin{bmatrix} 3 & 9 \\ 1 & 3 \end{bmatrix}$　　(4) $\begin{bmatrix} 4 & 5 \\ 3 & 6 \end{bmatrix} \begin{bmatrix} 6 & -5 \\ -3 & 4 \end{bmatrix}$

問 0.3 次の行列の積を計算しなさい．

(1) $\begin{bmatrix} 1 & 3 \\ 4 & 2 \end{bmatrix} \begin{bmatrix} 5 \\ 2 \end{bmatrix}$　　(2) $\begin{bmatrix} 3 & 0 \\ 0 & 3 \end{bmatrix} \begin{bmatrix} 2 \\ 4 \end{bmatrix}$　　(3) $\begin{bmatrix} 4 & -2 \\ -6 & 3 \end{bmatrix} \begin{bmatrix} 1 \\ 2 \end{bmatrix}$

問 0.4 上の (0.7) でかける順序を入れ換えた，積 BA を計算してみよう．

---

* 一般の型の行列の積については p.18 (1.1 節) を参照．

0.3 逆変換と逆行列

「操作の逆」について考えてみよう．

> **例 0.3 (1 次変換の逆変換)** ① の容器に濃度 x_1 % の食塩水が 1200g, ② の容器に濃度 x_2 % の食塩水が 1000g はいっている．両方の容器から食塩水を 300g ずつ取り出して入れかえると① の容器の食塩水の濃度が x'_1 %, ② の容器の食塩水の濃度が x'_2 % になったという．x_1, x_2 を x'_1, x'_2 の式で表しなさい．

例 0.1 と同じ状況であるが，逆に表す問題である．x_1, x_2 と x'_1, x'_2 の関係はすでに (0.1) で求めてある．少々面倒であるが，これを x_1, x_2 について解くと

$$\begin{cases} x_1 = \dfrac{14}{9} x'_1 - \dfrac{5}{9} x'_2 \\ x_2 = -\dfrac{2}{3} x'_1 + \dfrac{5}{3} x'_2 \end{cases} \tag{0.9}$$

となる．この問題の場合には逆の操作はあり得ないが，理論上はこのように「逆操作」(**逆変換**) を考えることができる．この逆変換はまた 1 次変換の形になっている．行列で表現すれば

$$\begin{bmatrix} x_1 \\ x_2 \end{bmatrix} = \begin{bmatrix} \dfrac{14}{9} & -\dfrac{5}{9} \\ -\dfrac{2}{3} & \dfrac{5}{3} \end{bmatrix} \begin{bmatrix} x'_1 \\ x'_2 \end{bmatrix} \tag{0.10}$$

となる．ここに表れる変換行列を単に行列 A の**逆行列**といい，

$$A^{-1} = \begin{bmatrix} \dfrac{14}{9} & -\dfrac{5}{9} \\ -\dfrac{2}{3} & \dfrac{5}{3} \end{bmatrix} \tag{0.11}$$

と表す．

一般に行列 $A = \begin{bmatrix} a & b \\ c & d \end{bmatrix}$ の逆行列は $A^{-1} = \begin{bmatrix} \dfrac{d}{ac-bc} & \dfrac{-b}{ad-bc} \\ \dfrac{-c}{ad-bc} & \dfrac{a}{ad-bc} \end{bmatrix}$ となることが同様の計算で求められる*．これを

---

* 定理 1.3 (p.24) と定理 3.13 (p.82) 参照．

0.3 逆変換と逆行列

$$A^{-1} = \begin{bmatrix} \frac{d}{ac-bc} & \frac{-b}{ad-bc} \\ \frac{-c}{ad-bc} & \frac{a}{ad-bc} \end{bmatrix} = \frac{1}{ad-bc}\begin{bmatrix} d & -b \\ -c & a \end{bmatrix} \quad (0.12)$$

と書くことに特に問題はないであろう*．ここに表れる値 "$ad-bc$" は，この変換に対して重要な役割を持つ．これを **行列式 A**，と呼び，**det A**, $|A|$ などと表す．

行列 A と その逆行列 A^{-1} の関係を考える．これらの積を計算すると

$$A^{-1}A = \begin{bmatrix} \frac{d}{ac-bc} & \frac{-b}{ad-bc} \\ \frac{-c}{ad-bc} & \frac{a}{ad-bc} \end{bmatrix}\begin{bmatrix} a & b \\ c & d \end{bmatrix} = \begin{bmatrix} 1 & 0 \\ 0 & 1 \end{bmatrix} \quad (0.13)$$

$$AA^{-1} = \begin{bmatrix} a & b \\ c & d \end{bmatrix}\begin{bmatrix} \frac{d}{ac-bc} & \frac{-b}{ad-bc} \\ \frac{-c}{ad-bc} & \frac{a}{ad-bc} \end{bmatrix} = \begin{bmatrix} 1 & 0 \\ 0 & 1 \end{bmatrix} \quad (0.14)$$

と，同じ行列になる．

ここに表れる行列 $I = \begin{bmatrix} 1 & 0 \\ 0 & 1 \end{bmatrix}$ を考えると，どんな列ベクトル $\boldsymbol{x}$ に対しても $I\boldsymbol{x} = \boldsymbol{x}$ となることから I を表現行列に持つような1次変換は変換前と変換後が変わらない．このような変換を **恒等変換** と呼ぶ**．

問 0.5 次の行列の逆行列を求めなさい．

(1) $\begin{bmatrix} 4 & 3 \\ 5 & 4 \end{bmatrix}$ (2) $\begin{bmatrix} 4 & 0 \\ 0 & 7 \end{bmatrix}$ (3) $\begin{bmatrix} 1 & 0 \\ 0 & 1 \end{bmatrix}$ (4) $\begin{bmatrix} 3 & -2 \\ 9 & -6 \end{bmatrix}$

問 0.6 次の行列の積を計算しなさい．

(1) $\begin{bmatrix} 1 & 3 \\ 4 & 2 \end{bmatrix}\begin{bmatrix} 1 & 0 \\ 0 & 1 \end{bmatrix}$ (2) $\begin{bmatrix} 1 & 0 \\ 0 & 1 \end{bmatrix}\begin{bmatrix} 5 & 7 \\ -2 & 4 \end{bmatrix}$

(3) $\begin{bmatrix} 3 & 4 \\ 2 & -1 \end{bmatrix}\begin{bmatrix} 3 & 0 \\ 0 & 3 \end{bmatrix}$

---

* 実はこれが行列のスカラー倍（実数倍）の定義である．p.16 (1.1節) 参照．

** 変換しても変わらないのなら "変換していない" と思うかもしれないが，「0を加える」，「1をかける」という計算と同じように重要な役割を持つことが後の章でわかるであろう．

0.4　1次変換の線形性

1次変換のもっとも重要な性質の1つである線形性について述べよう.

> **例 0.4（1次変換の線形性）**　菓子職人Sさんは，バターケーキを1個つくるのに小麦粉 100g，バター 110g，砂糖 90g を用い，クッキーを1袋分つくるのに小麦粉 110g，バター 90g，砂糖 70g を用いるという[*]．バターケーキ x_1 個とクッキー x_2 袋を詰めた箱を1つつくるときに用いる小麦粉，バター，砂糖の総量をそれぞれ y_1(g), y_2(g), y_3(g) とする．y_1, y_2, y_3 を x_1, x_2 で表しなさい．

例 0.1 と同様に

$$\begin{cases} y_1 = 100x_1 + 110x_2 \\ y_2 = 110x_1 + 90x_2 \\ y_3 = 90x_1 + 70x_2 \end{cases} \text{または} \begin{bmatrix} y_1 \\ y_2 \\ y_3 \end{bmatrix} = \begin{bmatrix} 100 & 110 \\ 110 & 90 \\ 90 & 70 \end{bmatrix} \begin{bmatrix} x_1 \\ x_2 \end{bmatrix} \quad (0.15)$$

と表されることはすぐにわかる．

さて，箱詰めの仕方として，

大きな箱 A にはバターケーキ a_1 個とクッキー a_2 袋
小さな箱 B にはバターケーキ b_1 個とクッキー b_2 袋

詰めるとすると箱 A, B を1つずつつくるために必要な材料の合計は

小麦粉　　$100(a_1 + b_1) + 110(a_2 + b_2)$　　(g)
バター　　$110(a_1 + b_1) + 90(a_2 + b_2)$　　(g)
砂糖　　　$90(a_1 + b_1) + 70(a_2 + b_2)$　　(g)

である．一方で，A, B を合わせた箱，すなわちバターケーキ $a_1 + b_1$ 個とクッキー $a_2 + b_2$ 袋を詰めた箱をつくるのに必要な材料もこの合計に等しい．

列ベクトル $\boldsymbol{a} = \begin{bmatrix} a_1 \\ a_2 \end{bmatrix}$ と $\boldsymbol{b} = \begin{bmatrix} b_1 \\ b_2 \end{bmatrix}$ を加えた「和」を

---

[*] S氏が本当にいい菓子職人であるかどうかは不明である．

0.4　1次変換の線形性

$$\boldsymbol{a}+\boldsymbol{b}=\begin{bmatrix} a_1 \\ a_2 \end{bmatrix}+\begin{bmatrix} b_1 \\ b_2 \end{bmatrix}=\begin{bmatrix} a_1+b_1 \\ a_2+b_2 \end{bmatrix} \tag{0.16}$$

と定めることにすれば*，この例は，

$$T(\boldsymbol{a}+\boldsymbol{b})=T\boldsymbol{a}+T\boldsymbol{b}, \quad T=\begin{bmatrix} 100 & 110 \\ 110 & 90 \\ 90 & 70 \end{bmatrix} \tag{0.17}$$

が成り立つことを示している．

「箱 A を 5 つ作るための材料」の場合を考えると，$5(T\boldsymbol{a})=T(5\boldsymbol{a})$ という関係が成り立つこともわかる**．

一般に，このような 1 次変換 T においては

$$T(\alpha\boldsymbol{a}+\beta\boldsymbol{b})=\alpha(T\boldsymbol{a})+\beta(T\boldsymbol{b}) \quad (\alpha, \beta \text{ は実数}) \tag{0.18}$$

という関係式が成り立つ．この性質を T の**線形性**といい，T は**線形**であるという．このことから，1 次変換は**線形変換**と呼ばれることもある．

問 0.7　$\boldsymbol{a}=\begin{bmatrix} 1 \\ 3 \end{bmatrix}, \boldsymbol{b}=\begin{bmatrix} 2 \\ 4 \end{bmatrix}$ のとき，上の(0.17) が成り立つことを確かめなさい．

問 0.8　上の(0.18) の関係が成り立つことを，(0.15) の場合について確かめなさい．

＊　列ベクトルの和の定義については，1.1 節 (p.14) および 4.1 節 (p.100) を参照．

＊＊　列ベクトルの実数倍はどのようにして定義したらいいだろうか．

演習問題

演習 0.1
　① の容器に濃度 x_1 ％ の食塩水が 1200g
　② の容器に濃度 x_2 ％ の食塩水が 1000g
　③ の容器に濃度 x_3 ％ の食塩水が 1500g
はいっているという．
　まず①，②の容器から食塩水を 300g ずつ取り出して入れかえ，
　次に②，③の容器から食塩水を 400g ずつ取り出して入れかえ，
　最後に①，③の容器から食塩水を 500g ずつ取り出して入れかえる．
その結果① の容器の食塩水の濃度が x_1' ％，② の容器の食塩水の濃度が x_2' ％，③ の容器の食塩水の濃度が x_3' ％ になったという．x_1', x_2', x_3' を x_1, x_2, x_3 の式で表しなさい*．

演習 0.2　次の行列の積を計算しなさい**．

(1) $\begin{bmatrix} 3 & 1 \\ 2 & 2 \end{bmatrix} \begin{bmatrix} 1 & 4 \\ 2 & 1 \end{bmatrix}$
(2) $\begin{bmatrix} 1 & 4 \\ 2 & 1 \end{bmatrix} \begin{bmatrix} 3 & 1 \\ 2 & 2 \end{bmatrix}$

(3) $\begin{bmatrix} 6 & -4 \\ 9 & -6 \end{bmatrix} \begin{bmatrix} 6 & -4 \\ 9 & -6 \end{bmatrix}$
(4) $\begin{bmatrix} 2 & 2 \\ -2 & -2 \end{bmatrix} \begin{bmatrix} 2 & 2 \\ -2 & -2 \end{bmatrix}$

(5) $\begin{bmatrix} \frac{1}{2} & 1 \\ \frac{1}{4} & \frac{1}{2} \end{bmatrix} \begin{bmatrix} \frac{1}{2} & 1 \\ \frac{1}{4} & \frac{1}{2} \end{bmatrix}$
(6) $\begin{bmatrix} \frac{1}{4} & \frac{1}{4} \\ \frac{3}{4} & \frac{3}{4} \end{bmatrix} \begin{bmatrix} \frac{1}{4} & \frac{1}{4} \\ \frac{3}{4} & \frac{3}{4} \end{bmatrix}$

(7) $\left(\begin{bmatrix} 3 & 1 \\ 2 & 2 \end{bmatrix} \begin{bmatrix} 1 & 4 \\ 2 & 1 \end{bmatrix} \right) \begin{bmatrix} 1 & -2 \\ 3 & -1 \end{bmatrix}$

(8) $\begin{bmatrix} 3 & 1 \\ 2 & 2 \end{bmatrix} \left(\begin{bmatrix} 1 & 4 \\ 2 & 1 \end{bmatrix} \begin{bmatrix} 1 & -2 \\ 3 & -1 \end{bmatrix} \right)$

---

　* 丁寧にやれば連立方程式の考え方だけでも答えは求められるが，変換の合成の考え方，および3行3列の行列の積が使えるようになると考えやすい．
　**　(1)(2)：結果を比べてみよう．
(3)(4)：こういう性質を持つ行列を，**べき零行列**と呼ぶ (⇨ p.27 参照)．
(5)(6)：こういう性質を持つ行列を，**べき等行列**と呼ぶ (⇨ p.27 参照)．
(7)(8)：$\Big($　$\Big)$ の中を先に計算する．結果がどうなるか比べてみよう．

第 1 章

行　　列

本章の目的　n 個の未知数 $x_1, x_2, \cdots, x_n$ に関する m 個の式からなる，連立 1 次方程式の解について調べようとすると，一般の $m \times n$ 行列についての性質を系統的に調べる必要がある．

本章では，そのために行列の演算や，行列の諸性質について考える．

本章の内容

1.1　行列の定義

1.2　行列の演算の法則

1.3　数の演算との相違点，正則行列，逆行列

1.4　指数と指数法則，行列のブロック分割

1.1 行列の定義

行列 $m\times n$ 個の数 a_{ij} $(i=1,\cdots,m; j=1,\cdots,n)$ を次のように長方形に並べて [ ] でくくったものを $\boldsymbol{m}$ 行 $\boldsymbol{n}$ 列の行列, $\boldsymbol{m\times n}$ 型の行列, $\boldsymbol{m\times n}$ 行列, $\boldsymbol{(m,n)}$ 行列などという.

$$A = \begin{bmatrix} a_{11} & a_{12} & \cdots & a_{1j} & \cdots & a_{1n} \\ a_{21} & a_{22} & \cdots & a_{2j} & \cdots & a_{2n} \\ \vdots & \vdots & \ddots & \vdots & \ddots & \vdots \\ a_{i1} & a_{i2} & \cdots & a_{ij} & \cdots & a_{in} \\ \vdots & \vdots & \ddots & \vdots & \ddots & \vdots \\ a_{m1} & a_{m2} & \cdots & a_{mj} & \cdots & a_{mn} \end{bmatrix} \begin{matrix} \leftarrow (\text{第}\,1\,\text{行}) \\ \leftarrow (\text{第}\,2\,\text{行}) \\ \\ \leftarrow (\text{第}\,i\,\text{行}) \\ \\ \leftarrow (\text{第}\,m\,\text{行}) \end{matrix}$$

$$\quad\quad (\text{第}\,1\,\text{列})\,(\text{第}\,2\,\text{列})\quad (\text{第}\,j\,\text{列})\quad\quad (\text{第}\,n\,\text{列})$$

この a_{ij} を行列 A の (i,j) **成分**という. 行列 A の成分の横の並び

$$\begin{bmatrix} a_{i1} & a_{i2} & \cdots & a_{in} \end{bmatrix} \quad (i=1,\cdots,m)$$

を A の**行**といい, 上から第 1 行, 第 2 行, $\cdots$, 第 m 行と呼ぶ. また A の成分の縦の並び

$$\begin{bmatrix} a_{1j} \\ a_{2j} \\ \vdots \\ a_{mj} \end{bmatrix} \quad (j=1,\cdots,n)$$

を A の**列**といい, 左から第 1 列, 第 2 列, $\cdots$, 第 n 列という.

行列の記法 A が a_{ij} を (i,j) 成分とする $m\times n$ 行列のとき,

$$A = [a_{ij}], \quad A = [a_{ij}]_{m\times n}$$

などと, 略記することがある.

零行列 すべての成分が 0 であるような行列を, **零行列**といい O と書く. 零行列は一般には文中ではその型が明らかなことが多いが, 特にその型を明示したいときは, $m\times n$ 型の零行列を $O_{m,n}$ などと書く (⇨ 例 1.2).

1.1 行 列 の 定 義

● **より理解を深めるために** ●

例 1.1 右の行列において，次の問に答えよ．
(1) この行列は何型か．
(2) この行列の $(2,3)$ 成分, $(1,4)$ 成分をいえ．

$$\begin{bmatrix} 3 & -1 & 2 & 0 \\ 5 & -3 & 4 & -6 \\ -2 & -8 & 8 & 7 \end{bmatrix}$$

[解] (1) 横の並びが行，縦の並びが列である．この行列は 3 個の行と，4 個の列をもっているから，3×4 型の行列である．
(2) $(2,3)$ 成分は第 2 行と第 3 列の交差点にある数だから 4．同様に $(1,4)$ 成分は 0 である． ∎

例 1.2 (i,j) 成分が，$i+j$ である 3×2 行列を書け．

[解] 求める行列を $A = [a_{ij}]$ とすると，$a_{ij} = i+j$ $(i = 1,2,3; j = 1,2)$．これらのすべてを計算して，それぞれの場所におけばよい．

$$\begin{array}{ll} a_{11} = 1+1 = 2 & a_{21} = 2+1 = 3 \\ a_{21} = 2+1 = 3 & a_{22} = 2+2 = 4 \\ a_{31} = 3+1 = 4 & a_{23} = 2+3 = 5 \end{array} \quad \therefore \begin{bmatrix} 2 & 3 \\ 3 & 4 \\ 4 & 5 \end{bmatrix}$$

例 1.3 $m \times n$ 型の零行列を具体的に書くと次のようになる．

$$O = O_{m,n} = \left.\begin{bmatrix} 0 & 0 & \cdots & 0 \\ 0 & 0 & \cdots & 0 \\ \vdots & \vdots & \ddots & \vdots \\ 0 & 0 & \cdots & 0 \end{bmatrix}\right\} m \text{ こ}$$

$\underbrace{}_{n \text{ こ}}$

注意 1.1 高校の教科書では，行列を表すのに右の前者のように丸いカッコを使用する場合が多いが，本書ではこれを後者のように，角カッコを使用することにする． $\begin{pmatrix} a_{11} & a_{12} \\ a_{21} & a_{22} \end{pmatrix}, \begin{bmatrix} a_{11} & a_{12} \\ a_{21} & a_{22} \end{bmatrix}$

(解答は章末の p.32 以降に掲載されています．)

問 1.1* (i,j) 成分が，$j-i$ である 3×4 行列を書け．

---

* 「基本演習線形代数」(サイエンス社) p.3 問題 1.1 を参照．

正方行列　行と列の数が等しい行列，すなわち $n \times n$ 行列を，**n 次正方行列**という．次のような正方行列 A が与えられたとき，A の成分のうち，左上から，右下への対角線上に並ぶ成分

$$a_{11}, a_{22}, \cdots, a_{ii}, \cdots, a_{nn}$$

$$A = \begin{bmatrix} a_{11} & a_{12} & \cdots & a_{1n} \\ a_{21} & a_{22} & \cdots & a_{2n} \\ & & \ddots & \\ \vdots & & a_{ii} & \vdots \\ & & & \ddots \\ a_{n1} & a_{n2} & \cdots & a_{nn} \end{bmatrix}$$

を A の**対角成分**という．

対角行列　正方行列のうち，特に対角成分以外はすべて 0 である行列を**対角行列**という（⇨ 例 1.4 (1)）．

三角行列　正方行列のうち，対角成分より下または上の成分がすべて 0 である行列を**上三角行列**または**下三角行列**という（⇨ 例 1.4 (2)，(3)）．

単位行列　対角成分がすべて 1 で，それ以外の成分がすべて 0 であるような正方行列を**単位行列**といい E と書く．特に次数を明示したいときは，n 次の単位行列を E_n とも書く（⇨ 例 1.5）．

スカラー行列　対角成分がすべて同じで，他の成分がすべて 0 である正方行列を**スカラー行列**という（⇨ 例 1.6）．

転置行列　次ページの例 1.7 のように与えられた行列 A に対して，行を列に，列を行になおした行列 B を A の**転置行列**という．一般的に言えば，転置行列とは $m \times n$ 型の行列

$$A = [a_{ij}]$$

に対して，

$$a'_{ij} = a_{ji} \quad (i = 1, 2, \cdots, n; j = 1, 2, \cdots, m)$$

と定め，a'_{ij} を (i, j) 成分とする $n \times m$ 型の行列

$$B = [a'_{ij}]$$

のことである．A の転置行列は ${}^t\!A$ で表される．

行ベクトル，列ベクトル　行列の中で特に $1 \times n$ 行列を **n 次の行ベクトル**，$m \times 1$ 行列を **m 次の列ベクトル**という（⇨ 例 1.8）．行ベクトルと列ベクトルとあわせて**数ベクトル**という．成分がすべて 0 である数ベクトルを**零ベクトル**という．また 1×1 行列 $[a]$ は数 a と同一視される．

● より理解を深めるために ●

例 1.4 次の (1) は対角行列, (2) は上三角行列, (3) は下三角行列である.

(1) $\begin{bmatrix} 1 & 0 & 0 \\ 0 & 2 & 0 \\ 0 & 0 & 3 \end{bmatrix}$ (2) $\begin{bmatrix} -1 & -1 & -1 \\ 0 & 1 & 2 \\ 0 & 0 & 3 \end{bmatrix}$ (3) $\begin{bmatrix} 2 & 0 & 0 \\ 3 & 1 & 0 \\ 4 & 2 & -1 \end{bmatrix}$ □

例 1.5 3次の単位行列を具体的に書くと次のようになる.

$$E = E_3 = \begin{bmatrix} 1 & 0 & 0 \\ 0 & 1 & 0 \\ 0 & 0 & 1 \end{bmatrix}$$ □

例 1.6 次の行列は3次のスカラー行列である.

$$\begin{bmatrix} 3 & 0 & 0 \\ 0 & 3 & 0 \\ 0 & 0 & 3 \end{bmatrix}, \quad \begin{bmatrix} -1 & 0 & 0 \\ 0 & -1 & 0 \\ 0 & 0 & -1 \end{bmatrix}$$ □

例 1.7 転置行列とは $A = \begin{bmatrix} 2 & 3 & -1 \\ 5 & 4 & -2 \end{bmatrix}$ に対する $B = \begin{bmatrix} 2 & 5 \\ 3 & 4 \\ -1 & -2 \end{bmatrix}$ のことである. $B = {}^t\!A$ と表す. □

例 1.8 $\begin{bmatrix} 2 \\ 6 \\ 1 \end{bmatrix}$ は3次の列ベクトル, $[\,0\ 1\ 0\ 2\,]$ は4次の行ベクトルである. □

問 1.2* 3次正方行列 $A = [a_{ij}]$, $a_{ij} = 2i - 3j$ を書け.

問 1.3* 4次正方行列 $A = [a_{ij}]$ で, 次のものを書け.

(1) $a_{ij} = 1 - \delta_{ij}$ (2) $a_{ij} = (-1)^{i+j}$

ただし $\delta_{ij} = \begin{cases} 1 & (i = j) \\ 0 & (i \neq j) \end{cases}$ (この δ_{ij} を**クロネッカーのデルタ**という)

---

*「基本演習線形代数」(サイエンス社) p.3 の問題 1.2, 問題 1.3 (2), 例題 1.1 (2) を参照.

行列の相等，和，差，スカラー倍

行列の相等，加法，減法およびスカラー倍（ここでスカラーとは実数のことをさす）に関する演算は，普通の数の世界の演算と同じように定義される．

行列の相等 2 つの行列 $A = [a_{ij}], B = [b_{ij}]$ があり

（ i ） A, B は同じ $m \times n$ 型であり，

（ii） 対応する (i, j) 成分がすべて等しい．すなわち，

$$a_{11} = b_{11}, \ a_{12} = b_{12}, \cdots, \ a_{mn} = b_{mn}$$

であるとき，A と B は等しいといい，$A = B$ で表す．

また，A と B が等しくないとき，$A \neq B$ と書く．

行列の和 和は同じ型の行列の間のみで定義される．

$A = [a_{ij}], B = [b_{ij}]$ をともに $m \times n$ 行列とするとき，

$$c_{ij} = a_{ij} + b_{ij} \quad (i = 1, \cdots, m; j = 1, \cdots, n)$$

を (i, j) 成分とする $m \times n$ 行列 $[c_{ij}]$ を A と B の和といい，$A + B$ と書く．すなわち，

$$A + B = [a_{ij}] + [b_{ij}] = [a_{ij} + b_{ij}].$$

行列の差 差も同じ型の行列の間のみで定義される．

$A = [a_{ij}]$ に対して，$-a_{ij}$ を (i, j) 成分とする行列 $[-a_{ij}]$ を $-A$ と書き，A と B の差を $A + (-B)$ で定義し，$A - B$ と書く．すなわち，

$$A - B = A + (-B) = [a_{ij}] + [-b_{ij}] = [a_{ij} - b_{ij}].$$

行列のスカラー倍 行列 $A = [a_{ij}]$ とスカラー λ（実数）に対して，λa_{ij} を (i, j) 成分とする行列を λA と書き，A の**スカラー倍**（実数倍）という．すなわち，

$$\lambda A = \lambda [a_{ij}] = [\lambda a_{ij}].$$

A と λA の型は等しい．

この定義において，$\lambda = -1$ とおけば，$(-1)[a_{ij}] = [-a_{ij}]$ となるから，

$$(-1)A = -A$$

である．また $A + (-A) = O$ である．

より理解を深めるために

例 1.9 (1) 次を満たす行列を求めよ．

$$\begin{bmatrix} x & y & z \\ u & v & w \end{bmatrix} = \begin{bmatrix} 2z & -1 & 2 \\ -2y & -x & 3y \end{bmatrix}$$

(2) $E = \begin{bmatrix} 1 & 0 \\ 0 & 1 \end{bmatrix}, I = \begin{bmatrix} 0 & -1 \\ 1 & 0 \end{bmatrix}$ のとき行列 $A = \begin{bmatrix} a & -b \\ b & a \end{bmatrix}$ を $xE + yI$ の形で表せ．

[解] (1) 2つの行列が等しいということは，対応する成分がそれぞれ等しいことだから，次の6つの等式を得る．

$$x = 2z, \quad y = -1, \quad z = 2, \quad u = -2y, \quad v = -x, \quad w = 3y$$

これから $x = 4, y = -1, z = 2, u = 2, v = -4, w = -3$ を得るから求める行列は，

$$\begin{bmatrix} 4 & -1 & 2 \\ 2 & -4 & -3 \end{bmatrix}.$$

(2) $A = xE + yI$ と表されたとすると，

$$\begin{bmatrix} a & -b \\ b & a \end{bmatrix} = x \begin{bmatrix} 1 & 0 \\ 0 & 1 \end{bmatrix} + y \begin{bmatrix} 0 & -1 \\ 1 & 0 \end{bmatrix} = \begin{bmatrix} x & 0 \\ 0 & x \end{bmatrix} + \begin{bmatrix} 0 & -y \\ y & 0 \end{bmatrix}$$

$$= \begin{bmatrix} x & -y \\ y & x \end{bmatrix}$$

ゆえに，$x = a, y = b$ ととればよい．よって，$A = aE + bI$.

問 1.4[*] 次の等式が成り立つように x, y, z を定めよ．

(1) $2 \begin{bmatrix} x & y & z \end{bmatrix} + 3 \begin{bmatrix} 3+z & -1-x & -2-y \end{bmatrix} = \begin{bmatrix} -1 & y & -1 \end{bmatrix}$

(2) $\begin{bmatrix} x+y \\ y+z \\ z+x \end{bmatrix} = \begin{bmatrix} -1 \\ -2 \\ 3 \end{bmatrix}$

(3) $2 \begin{bmatrix} 1 & -x & y \\ x & z & -4 \end{bmatrix} - 3 \begin{bmatrix} -1 & 0 & 1 \\ y & 1 & 0 \end{bmatrix} = \begin{bmatrix} 5 & -4 & 1 \\ -2 & -1 & -8 \end{bmatrix}$

---

[*] 「基本演習線形代数」(サイエンス社) p.4 問題 1.6 参照．

行列の積 2つの行列 $A = [a_{ij}]$ と $B = [b_{ij}]$ の積は，A の列の数と B の行の数が等しいときだけ定義される．いま，A, B をそれぞれ $m \times n, n \times l$ 行列とするとき，A の第 i 行，B の第 j 列はともに n 個の成分からなっているので，その対応する成分の積の和

$$c_{ij} = a_{i1}b_{1j} + a_{i2}b_{2j} + \cdots + a_{in}b_{nj}$$
$$(i = 1, \cdots, m; j = 1, \cdots, l)$$

をつくり，これを (i, j) 成分とする行列 $C = [c_{ij}]$ を A と B の積と定義する．A と B の積を AB と書く．これを行列の積を成分を用いて書くと次のようになる．

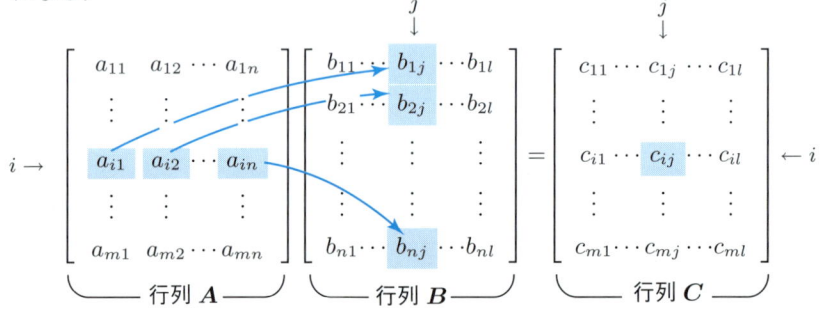

$$i \to \begin{bmatrix} a_{11} & a_{12} & \cdots & a_{1n} \\ \vdots & \vdots & & \vdots \\ a_{i1} & a_{i2} & \cdots & a_{in} \\ \vdots & \vdots & & \vdots \\ a_{m1} & a_{m2} & \cdots & a_{mn} \end{bmatrix} \begin{bmatrix} b_{11} & \cdots & b_{1j} & \cdots & b_{1l} \\ b_{21} & \cdots & b_{2j} & \cdots & b_{2l} \\ \vdots & & \vdots & & \vdots \\ \vdots & & \vdots & & \vdots \\ b_{n1} & \cdots & b_{nj} & \cdots & b_{nl} \end{bmatrix} = \begin{bmatrix} c_{11} & \cdots & c_{1j} & \cdots & c_{1l} \\ \vdots & & \vdots & & \vdots \\ c_{i1} & \cdots & c_{ij} & \cdots & c_{il} \\ \vdots & & \vdots & & \vdots \\ c_{m1} & \cdots & c_{mj} & \cdots & c_{ml} \end{bmatrix} \leftarrow i$$

行列 A ─── 行列 B ─── 行列 C

$m \times n$ 行列 A と $n \times l$ 行列 B との積 AB は，$m \times l$ 行列になる．なお，A の列の数と B の行の数が一致しないときは，積 AB は定義できない．

注意 1.2 数の世界では，2つの a, b に対して常に交換の法則 $ab = ba$ が成り立つが，行列の積を上記のように定義すると，必ずしも交換の法則は成立しない．すなわち，2つの行列 A, B に対しては，一般に

$$AB \neq BA$$

である．次にその例を示そう．

$$A = \begin{bmatrix} 1 & 2 \\ 3 & 4 \\ -2 & 1 \end{bmatrix}, B = \begin{bmatrix} -1 & 0 & 3 \\ 2 & 1 & 1 \end{bmatrix} \text{とすると，} AB = \begin{bmatrix} 3 & 2 & 5 \\ 5 & 4 & 13 \\ 4 & 1 & -5 \end{bmatrix},$$

$BA = \begin{bmatrix} -7 & 1 \\ 3 & 9 \end{bmatrix}$ となり $AB \neq BA$．したがって，行列の積ではかける順序に注意しなければならない．

1.1 行列の定義

● より理解を深めるために

例 1.10 行列の積は，2つの表の積と考えても自然なものであることを例で示そう．田中君，鈴木君，伊藤君の3人が食料品店で買物をするとして，カンヅメ1個の値段と重さ，個数は次の表の通りである．

	モモ	ミカン
1個の値段	250円	100円
1個の重さ	300g	200g

	田中	鈴木	伊藤	
	3個	1個	0個	モモ
	2個	4個	5個	ミカン

これはどこに何を書き，どんな単位を使うか決めておけば，次のような行列で表すことができる．

$$A = \begin{bmatrix} 250 & 100 \\ 300 & 200 \end{bmatrix}, \quad B = \begin{bmatrix} 3 & 1 & 0 \\ 2 & 4 & 5 \end{bmatrix}$$

例えば田中君が払うべき代金は，

$$250 \times 3 + 100 \times 2 = 950$$

として計算される．つまり，$\begin{bmatrix} 250 & 100 \end{bmatrix} \begin{bmatrix} 3 \\ 2 \end{bmatrix} = 950$ である．他の項目についても全く同じである．すなわち，

$$AB = \begin{bmatrix} 250 & 100 \\ 300 & 200 \end{bmatrix} \begin{bmatrix} 3 & 1 & 0 \\ 2 & 4 & 5 \end{bmatrix} = \begin{bmatrix} 950 & 650 & 500 \\ 1300 & 1100 & 1000 \end{bmatrix}$$

が成り立ち，行列の積は自然なものなのである． □

問 1.5* $A = \begin{bmatrix} -1 & 3 \\ 1 & 5 \\ 3 & -2 \end{bmatrix}$ のとき，次の行列の中で AB が定義されるものをえらび，各場合にその結果を答えよ．B として，

$B_1 = \begin{bmatrix} 2 & 1 \\ -3 & 4 \end{bmatrix}$, $B_2 = \begin{bmatrix} 2 & -3 \\ -4 & 1 \\ 5 & 1 \end{bmatrix}$, $B_3 = \begin{bmatrix} 3 & 2 & -4 \\ -4 & 1 & 3 \end{bmatrix}$, $B_4 = \begin{bmatrix} 2 \\ 1 \end{bmatrix}$

---

* 「基本演習線形代数」(サイエンス社) p.5 例題 1.3 参照．

1.2 行列の演算の法則

演算を定義したときには，その演算がどんな法則を満たすか調べなければならない．まず数の演算と同様な部分を取り上げよう．

和についての法則　（A, B, C は $m \times n$ 行列）

① $A + B = B + A$　　　　　　　　　　　　　　　　　（交換法則）
② $(A + B) + C = A + (B + C)$　　　　　　　　　　　（結合法則）
③ $A + O = O + A = A$　（O は零行列）
④ $A + X = X + A = O$ を満たす行列 X が存在する：$X = -A$

スカラー倍についての法則　（A, B は $m \times n$ 行列，λ, μ はスカラー）

⑤ $(\lambda\mu)A = \lambda(\mu A)$　　　　　　　　　　　　　　　（結合法則）
⑥ $1 \cdot A = A$
⑦ $(\lambda + \mu)A = \lambda A + \mu A$　　　　　　　　　　　　⎫
⑧ $\lambda(A + B) = \lambda A + \lambda B$　　　　　　　　　　　⎬（分配法則）

積についての法則　（それぞれ演算が行えるとき）

⑨ $(AB)C = A(BC)$　　　　　　　　　　　　　　　　（結合法則）
⑩ $A(B + C) = AB + AC$,　$(A + B)C = AC + BC$　（分配法則）
⑪ $\lambda(AB) = (\lambda A)B = A(\lambda B)$　　　　　　　　　　（結合法則）
⑫ $AE = A$,　$EA = A$　（E は単位行列）

[**結合法則 $(AB)C = A(BC)$ の証明**]　$A = [a_{ij}]$, $B = [b_{ij}]$, $C = [c_{ij}]$ をそれぞれ，$m \times n, n \times p, p \times q$ 行列とする．

$(AB)C$ と $A(BC)$ はともに $m \times q$ の行列であるから，両方の (i, j) 成分を計算してそれらが等しいことを示せばよい．

$(AB)C$ の (i, j) 成分は

$$\sum_{k=1}^{p} \left(\sum_{l=1}^{n} a_{il} b_{lk} \right) c_{kj} = \sum_{k=1}^{p} \sum_{l=1}^{n} a_{il} b_{lk} c_{kj} \qquad \cdots (1)$$

となる．同様に $A(BC)$ の (i, j) 成分は

$$\sum_{l=1}^{n} a_{il} \left(\sum_{k=1}^{p} b_{lk} c_{kj} \right) = \sum_{l=1}^{n} \sum_{k=1}^{p} a_{il} b_{lk} c_{kj} \qquad \cdots (2)$$

となる．ところが (1), (2) ともに，$a_{il} b_{lk} c_{kj}$ を k と l について加えたものであるから一致する．よって $(AB)C = A(BC)$ である　（⇨問 1.6）．　∎

● より理解を深めるために

注意 1.3 (1) 3個以上の行列の和，積もカッコの付け方によらず決まる．

(2) 前ページの12個の法則が成立するということは，行列を含んだ式においても，移項，同類項をまとめる等の普通の文字式と全く同様の計算が行なえるということである．

例 1.11 $A = \begin{bmatrix} -2 & 1 \\ 5 & -2 \end{bmatrix}$, $B = \begin{bmatrix} -1 & 0 \\ 2 & 1 \end{bmatrix}$ のとき，

$$\begin{aligned} 3(2A - B) + 2(B - 2A) &= 6A - 3B + 2B - 4A \\ &= 2A - B \\ &= \begin{bmatrix} -4 & 2 \\ 10 & -4 \end{bmatrix} - \begin{bmatrix} -1 & 0 \\ 2 & 1 \end{bmatrix} = \begin{bmatrix} -3 & 2 \\ 8 & -5 \end{bmatrix} \end{aligned}$$ □

問 1.6 $A = \begin{bmatrix} a_{11} & a_{12} \\ a_{21} & a_{22} \end{bmatrix}$, $B = \begin{bmatrix} b_{11} & b_{12} & b_{13} \\ b_{21} & b_{22} & b_{23} \end{bmatrix}$, $C = \begin{bmatrix} c_{11} \\ c_{12} \\ c_{13} \end{bmatrix}$ のとき，

$(AB)C = A(BC)$ の成り立つことを証明せよ．

問 1.7* $A = \begin{bmatrix} 2 & -5 \\ 3 & 1 \\ -1 & 3 \end{bmatrix}$, $B = \begin{bmatrix} -1 & 0 \\ 2 & -1 \end{bmatrix}$, $C = \begin{bmatrix} 5 & 6 \\ -2 & 3 \end{bmatrix}$ のとき，

(1) 分配法則 $A(B + C) = AB + AC$ を確かめよ．
(2) $2AB - 3AC$ を計算せよ．
(3) $A(B + C) - A(B - C)$ を計算せよ．
(4) $(B + C)(B - C)$ を計算せよ．

問 1.8* $A = \begin{bmatrix} 2 & -1 & 3 \\ 1 & 1 & 5 \\ -2 & 3 & -2 \end{bmatrix}$, $B = \begin{bmatrix} -3 & 6 & -1 \\ -4 & -1 & 3 \\ 5 & -4 & 1 \end{bmatrix}$ のとき，

$$2(A + X) = 3(X - B)$$

を満たす X を求めよ．

---

*「基本演習線形代数」(サイエンス社) p.8 例題 1.5 (2)，問題 1.14 (1)，(2)，(3), p.7 問題 1.13 (4) 参照．

1.3 数の演算との相異点，正則行列，逆行列

n 次正方行列全体を考えるとき，そこでは和も積も定義されていて，p.20 の①～⑫が成り立つ．このことは，実数でも同様である．ところが，行列の場合には，数とは同じにならないいくつかの性質がある．

乗法は非可換 $n \geqq 2$ で，A, B がともに n 次の正方行列のとき，AB も BA も定義されるが，両者は一致するとは限らない（⇨ 例 1.12）．

いま $AB = BA$ が成り立つとき，A と B は**可換**であるといい，$AB \neq BA$ のとき**非可換**であるという．また $AB = BA$ が一般には成り立たないことを指して，行列の乗法は非可換であるという．

零因子 数の場合には，$ab = 0$ ならば $a = 0$ または $b = 0$ である．しかし，$n (\geqq 2)$ 次正方行列 A, B に対して $AB = O$ であっても，$A = O$ または $B = O$ とはならない（O は零行列）．$AB = O$ であって，$A \neq O, B \neq O$ となる A, B を**零因子**という（⇨ 例 1.13，問 1.9）．

正則行列，逆行列 数 a に対しては，$a \neq 0$ であれば $ax = 1$ となる x を求めることができる．それが a の逆数 a^{-1} である．行列の場合にも a^{-1} に対応するものを考えてみよう．正方行列に A 対して，

$$AX = XA = E \tag{1.1}$$

を満たす正方行列 X が存在するとき，A は**正則行列**であるという．このような行列 X はいつでも存在するとは限らないが，存在するとすればただ 1 つである．なぜなら，2 つあるとすれば $AX = XA = E$ と $AY = YA = E$ より

$$Y = EY = (XA)Y = X(AY) = XE = X$$

となるからである．したがって A が正則行列ならば，(1.1) を満足する行列 X は一意的に定まる．この行列 X を A の**逆行列**といい，記号

$$A^{-1}$$

で表す．すなわち

$$AA^{-1} = A^{-1}A = E \tag{1.2}$$

である．しかし，次のページの例 1.14 のように，$A \neq O$ であっても，A^{-1} が存在するとは限らない．

1.3 数の演算との相異点，正則行列，逆行列

転置行列の性質 p.14 で転置行列を定義したが，次にその性質をのべる．

定理 1.1（転置行列の性質） (1) ${}^t({}^tA) = A$ (2) ${}^t(\lambda A) = \lambda\, {}^tA$
(3) ${}^t(A+B) = {}^tA + {}^tB$ (4) ${}^t(AB) = {}^tB\, {}^tA$．

● より理解を深めるために ●

例 1.12 $A = \begin{bmatrix} a_{11} & a_{12} \\ a_{21} & a_{22} \end{bmatrix}, B = \begin{bmatrix} b_{11} & b_{12} \\ b_{21} & b_{22} \end{bmatrix}$ のとき $AB = BA$ であるためには AB, BA の $(1,1)$ 成分が一致しなければならない．それは，$a_{11}b_{11} + a_{12}b_{21} = b_{11}a_{11} + b_{12}a_{21}$ すなわち，$a_{12}b_{21} = a_{21}b_{12}$ のときである．よって，$a_{12}b_{21} \neq a_{21}b_{12}$ であるように A, B をつくれば $AB \neq BA$ となる． □

例 1.13 $A = \begin{bmatrix} 1 & 0 \\ 0 & 0 \end{bmatrix}, B = \begin{bmatrix} 0 & 0 \\ b_{21} & b_{22} \end{bmatrix}$ ($b_{21} \neq 0, b_{22} \neq 0$) とすると，$AB = O$ で，かつ $A \neq O, B \neq O$ である．よって，A, B は零因子である． □

例 1.14 $A = \begin{bmatrix} 1 & 0 \\ 0 & 0 \end{bmatrix} \neq O$ のとき p.22 の (1.1) を満たす $X = \begin{bmatrix} x_{11} & x_{12} \\ x_{21} & x_{22} \end{bmatrix}$ があったとすると，$\begin{bmatrix} 1 & 0 \\ 0 & 0 \end{bmatrix} \begin{bmatrix} x_{11} & x_{12} \\ x_{21} & x_{22} \end{bmatrix} = \begin{bmatrix} 1 & 0 \\ 0 & 1 \end{bmatrix}$ から，$(2,2)$ 成分をとって，$0 = 1$ という矛盾を生じる．このように $A \neq O$ であっても p.22 の (1.1) を満たす X が存在するとは限らない． □

〈追記〉n 次正方行列全体の集合を M_n とすると，M_n では p.20 の ①〜④，⑨，⑩ が成り立つ．このことを M_n は**環**であるという．また特に積の交換の法則が成り立たないことを強調して M_n は**非可換環**であるという．

問 1.9 $A = \begin{bmatrix} 1 & 1 \\ 1 & 1 \end{bmatrix}, B = \begin{bmatrix} 2 & 2 \\ -2 & -2 \end{bmatrix}$ とすると，$AB = O$ となることを確かめよ．

問 1.10 行列 A と B が可換であるとき，次を示せ．
(1) A が正則のとき，A^{-1} と B は可換である．
(2) A, B が正則のとき，A^{-1} と B^{-1} は可換である．

問 1.11 p.23 の定理 1.1 (転置行列の性質) を示せ．

定理 1.2（逆行列の性質） A, B を正則行列とするとき，$A^{-1}, AB, {}^tA$ はいずれも正則で，次が成立する．
(1) $(A^{-1})^{-1} = A$ (2) $(AB)^{-1} = B^{-1}A^{-1}$ (3) $({}^tA)^{-1} = {}^t(A^{-1})$

[証明] (1) p.22 の (1.2) で $A = X$ とおくと，$XA^{-1} = A^{-1}X = E$ となる．これは A^{-1} が正則で，A^{-1} の逆行列 X は A であることを示す．よって，
$$(A^{-1})^{-1} = A.$$
(2) $(B^{-1}A^{-1})(AB) = B^{-1}(A^{-1}A)B = B^{-1}EB = B^{-1}B = E$
$(AB)(B^{-1}A^{-1}) = A(BB^{-1})A^{-1} = AEA^{-1} = AA^{-1} = E$
これは，AB が正則で，$(AB)^{-1} = B^{-1}A^{-1}$ であることを示す．
(3) p.23 の定理 1.1(4) より ${}^t(A^{-1}){}^tA = {}^t(AA^{-1}) = {}^tE = E$, ${}^tA{}^t(A^{-1}) = {}^t(A^{-1}A) = {}^tE = E$. よって，${}^tA$ も正則で，
$$({}^tA)^{-1} = {}^t(A^{-1}). \qquad \square$$

定理 1.3（2 次の正方行列の逆行列） $A = \begin{bmatrix} a_{11} & a_{12} \\ a_{21} & a_{22} \end{bmatrix}$ のとき A が逆行列をもつための必要十分条件は $\Delta = a_{11}a_{22} - a_{12}a_{21} \neq 0$ となることであり，逆行列は $A^{-1} = \dfrac{1}{\Delta} \begin{bmatrix} a_{22} & -a_{12} \\ -a_{21} & a_{11} \end{bmatrix}$ で与えられる．

[証明] まず A が $AX = XA = E$ を満たす X をもつとし，$X = \begin{bmatrix} x_{11} & x_{12} \\ x_{21} & x_{22} \end{bmatrix}$ であるとすると，$AX = E$ より次の 2 組の式を得る．

$\begin{cases} a_{11}x_{11} + a_{12}x_{21} = 1 & \cdots ① \\ a_{21}x_{11} + a_{22}x_{21} = 0 & \cdots ② \end{cases}$ $\begin{cases} a_{11}x_{12} + a_{12}x_{22} = 0 & \cdots ③ \\ a_{21}x_{12} + a_{22}x_{22} = 1 & \cdots ④ \end{cases}$

④より，a_{21}, a_{22} の少なくとも一方は 0 でない．そこで，例えば $a_{22} \neq 0$ と仮定し，① $\times a_{22}$ − ② $\times a_{12}$ として，x_{21} を消去すると，
$$(a_{11}a_{22} - a_{12}a_{21})x_{11} = a_{22} \quad \therefore \quad \Delta x_{11} = a_{22} \neq 0. \text{ ゆえに } \Delta \neq 0.$$
逆に $\Delta \neq 0$ のとき，$X = \dfrac{1}{\Delta} \begin{bmatrix} a_{22} & -a_{12} \\ -a_{21} & a_{11} \end{bmatrix}$ とすると，$AX = XA = E$ となる（⇨注意 1.4 参照）． $\qquad \square$

1.3 数の演算との相異点，正則行列，逆行列

● **より理解を深めるために**

注意 1.4 一般に n 次正則行列の逆行列を求めることは，p.52 の定理 2.7 および p.82 の定理 3.13 で述べる．

例 1.15 $\begin{bmatrix} 1 & -3 \\ 2 & a \end{bmatrix}$ が正則行列で $\begin{bmatrix} a+1 & 2 \\ 5 & a+4 \end{bmatrix}$ が正則行列でないように a を定めよ． □

[解] $\begin{bmatrix} 1 & -3 \\ 2 & a \end{bmatrix}$ が正則だから p.24 の定理 1.3 より $1 \times a - (-3) \times 2 = a + 6 \neq 0$. 一方 $\begin{bmatrix} a+1 & 2 \\ 5 & a+4 \end{bmatrix}$ が正則でないから，$(a+1)(a+4) - 2 \times 5 = 0$.

よって，$(a-1)(a+6) = 0$ ∴ $a = 1$ または -6. 以上から $a = 1$. ■

例 1.16 $A = \begin{bmatrix} 2 & -3 \\ 4 & -5 \end{bmatrix}$ のとき，$A + 2A^{-1}$ を計算せよ． □

[解] $A^{-1} = \dfrac{1}{-10-(-12)} \begin{bmatrix} -5 & -(-3) \\ -4 & 2 \end{bmatrix} = \dfrac{1}{2} \begin{bmatrix} -5 & 3 \\ -4 & 2 \end{bmatrix}$

∴ $A + 2A^{-1} = \begin{bmatrix} 2 & -3 \\ 4 & -5 \end{bmatrix} + \begin{bmatrix} -5 & 3 \\ -4 & 2 \end{bmatrix} = \begin{bmatrix} -3 & 0 \\ 0 & -3 \end{bmatrix} = -3E$ ■

〈追記〉 正則な n 次の正方行列の全体の集合を G_n とすると，G_n は次の性質 (i)〜(iv) をもつ．G_n がこれらを満たすことを G_n は乗法に関して**群**であるという．
 (i) $A, B \in G_n$ のとき，$AB \in G_n$
 (ii) $A, B, C \in G_n$ のとき $(AB)C = A(BC)$
 (iii) 単位行列 E は G_n の要素である．
 (iv) $A \in G_n$ のとき $A^{-1} \in G_n$

問 1.12 $A = \begin{bmatrix} 2 & -3 \\ 4 & -5 \end{bmatrix}$ の逆行列を求めよ．また $B = \begin{bmatrix} 1 & -3 \\ 2 & a \end{bmatrix}$ が正則となるのは a がどんな値のときかを述べ，そのときの B^{-1} を求めよ．

問 1.13 A が正則行列ならば A は零因子ではない．すなわち $AB = O$ ならば $B = O$ である．なぜか．

1.4 指数と指数法則,行列のブロック分割

指数と指数法則 A を n 次正方行列とし,$k = 0, 1, 2, \cdots$ のとき,
$$A^0 = E,\ A^1 = A,\ A^2 = A \cdot A,\ \cdots,\ A^k = A \cdot A^{k-1}$$
と定めると,A^k が定義される.そして,負でない整数 k, l に対して,
$$A^k A^l = A^l A^k = A^{k+l} \tag{1.3}$$
$$(A^k)^l = (A^l)^k = A^{kl} \tag{1.4}$$
が成り立つ.

次に $\underline{(AB)^k = A^k B^k\ \text{は}\ A, B\ \text{が可換のときは成り立つが,一般には正し}}$
くない (⇨ 問 1.14).

さらに,逆行列 A^{-1} が存在するとき,$A^{-k} = (A^{-1})^k$ と定めると,負の整数べきが定義され,k, l が負の整数のときも上記 (1.3),(1.4) が成り立つ.

行列のブロック分割 1つの行列を次のように
$$A = \begin{bmatrix} a_{11} & a_{12} & a_{13} & a_{14} \\ a_{21} & a_{22} & a_{23} & a_{24} \\ a_{31} & a_{32} & a_{33} & a_{34} \end{bmatrix} = \begin{bmatrix} P & Q \\ R & S \end{bmatrix}$$
行列を2つ以上の行列に分割して表すと便利なことが多い.このように行列を分割して表すことを**ブロック分割**するという.また P, Q などの行列を**小行列**という.ここで,P と Q,R と S はそれぞれの行の数が,また,P と R,Q と S はそれぞれの列の数が等しくなければならない.

2つの行列のブロック分割を
$$A = \begin{bmatrix} P & Q \\ R & S \end{bmatrix}, \quad B = \begin{bmatrix} E & F \\ G & H \end{bmatrix}$$
とするとき,その和,スカラー倍および積は次のようになる.
$$A + B = \begin{bmatrix} P+E & Q+F \\ R+G & S+H \end{bmatrix}, \quad \lambda A = \begin{bmatrix} \lambda P & \lambda Q \\ \lambda R & \lambda S \end{bmatrix}$$
$$AB = \begin{bmatrix} P & Q \\ R & S \end{bmatrix} \begin{bmatrix} E & F \\ G & H \end{bmatrix} = \begin{bmatrix} PE+QG & PF+QH \\ RE+SG & RF+SH \end{bmatrix}$$

1.4 指数と指数法則，行列のブロック分割

〈追記〉 **直交行列** ${}^tA = A^{-1}$ のような正方行列 A を**直交行列**という．

べき等行列 $A^2 = A$ となる正方行列 A を**べき等**行列という．

べき零行列 $A^n = O$ となる正の整数 n があるとき，正方行列 A を**べき零行列**という．

対称行列，交代行列 ${}^tA = A$ を満たす行列を**対称行列**といい，${}^tA = -A$ を満たす行列を**交代行列**という．

● **より理解を深めるために** ●

例 1.17 (1) 任意の行列 A に対し，$A{}^tA$ は対称行列であることを示せ．
(2) 交代行列の対角成分はすべて 0 であることを示せ． □
[解] (1) p.14 の定理 1.1 により，${}^t(A{}^tA) = {}^t({}^tA){}^tA = A{}^tA$ となるから $A{}^tA$ は対称行列である．
(2) 交代行列の定義から，$a_{ii} = -a_{ii}$ となる．ゆえに，$a_{ii} = 0$． ■

例 1.18 A, B を直交行列とすると，AB も直交行列であることを示せ． □
[解] ${}^tA = A^{-1}, {}^tB = B^{-1}$ とすると，${}^t(AB) = {}^tB{}^tA = B^{-1}A^{-1} = (AB)^{-1}$．
ゆえに AB は直交行列である． ■

例 1.19 次の行列の A^2 を求め，べき零行列，べき等行列であるものを示せ．

(1) $A = \begin{bmatrix} 2 & -3 \\ 1 & 2 \end{bmatrix}$ (2) $A = \begin{bmatrix} 3 & -2 \\ 3 & -2 \end{bmatrix}$ (3) $A = \begin{bmatrix} -2 & -4 \\ 1 & 2 \end{bmatrix}$ □

[解] (1) $A^2 = \begin{bmatrix} 1 & -12 \\ 4 & 1 \end{bmatrix}$ (2) $A^2 = \begin{bmatrix} 3 & -2 \\ 3 & -2 \end{bmatrix} = A$ （べき等行列）

(3) $A^2 = \begin{bmatrix} 0 & 0 \\ 0 & 0 \end{bmatrix} = O$ （べき零行列） ■

問 1.14 $(AB)^2 \neq A^2B^2$ となる例を 2 次の行列でつくれ．

問 1.15 次の各行列に対して，A^2, A^3 をつくれ．また n を整数として A^n はどうなるか推定せよ．

(1) $A = \begin{bmatrix} 2 & 0 \\ 0 & 3 \end{bmatrix}$ (2) $A = \begin{bmatrix} a & b \\ 0 & a \end{bmatrix}$

演 習 問 題

―― 例題 1.1 ――――――――――――――――――――――――― 行列の 2 乗 ――

次を満たす 2 次の正方行列 $A = \begin{bmatrix} a & 0 \\ c & d \end{bmatrix}$ を求めよ.

(1) $A^2 = A$ (べき等)　　(2) $A^2 = O$ (べき零)　　(3) $A^2 = E$

[解答] $A^2 = \begin{bmatrix} a & 0 \\ c & d \end{bmatrix} \begin{bmatrix} a & 0 \\ c & d \end{bmatrix} = \begin{bmatrix} a^2 & 0 \\ ca + dc & d^2 \end{bmatrix}$

(1) $A^2 = A$ より, $a^2 = a, c(a+d) = c, d^2 = d$ となり, これを解くと, $(a,d) = (0,0), (1,0), (0,1), (1,1)$ となる. よって, $(0,0), (1,1)$ のときは $c = 0$, $(1,0), (0,1)$ のときは c は任意である.

$$\therefore \begin{bmatrix} 0 & 0 \\ 0 & 0 \end{bmatrix}, \begin{bmatrix} 0 & 0 \\ c & 1 \end{bmatrix}, \begin{bmatrix} 1 & 0 \\ c & 0 \end{bmatrix}, \begin{bmatrix} 1 & 0 \\ 0 & 1 \end{bmatrix} \quad (c\text{ は任意}).$$

このことからべき等行列 A は O, E だけではないことがわかる.

(2) (1) と同様にして, $a^2 = 0, c(a+d) = 0, d^2 = 0$. ゆえに求める行列は $a = d = 0$ では c 任意, つまり $\begin{bmatrix} 0 & 0 \\ c & 0 \end{bmatrix}$ である. べき零行列 A は O ($c = 0$ のとき) だけではないことがわかる.

(3) 同様にして $a^2 = 1, c(a+d) = 0, d^2 = 1$. よって, $a = \pm 1, d = \pm 1$ より $a = d = 1, a = d = -1$ のときは $c = 0$. $a = 1, d = -1, a = -1, d = 1$, のときは c は任意となる.

$$\therefore \begin{bmatrix} 1 & 0 \\ 0 & 1 \end{bmatrix}, \begin{bmatrix} -1 & 0 \\ 0 & -1 \end{bmatrix}, \begin{bmatrix} 1 & 0 \\ c & -1 \end{bmatrix}, \begin{bmatrix} -1 & 0 \\ c & 1 \end{bmatrix} \quad (c\text{ は任意}).$$

このように $A^2 = E$ の解は $A = \pm E$ だけではないことがわかる.

―――――――――――――――――――――――――――――――――――

(解答は章末の p.33 以降に掲載されています.)

演習 1.1 A を n 次の正方行列とするとき, $A^2 = A$ ならば $(E-A)^2 = E-A$ であることを示せ.

演習問題

例題 1.2 ───────────────── 正方行列の正則性

n 次の正方行列に対して次のことを証明せよ．
(1) $A^k = E$ となる k があれば A は正則で，$A^{-1} = A^{k-1}$ である．
(2) $A^2 = A$ (べき等) で $A \ne E$ ならば，A は正則でない．
(3) $A^k = O$ (べき零) となる k があれば，A は正則でない．

[解答] (1) $k = 1$ ならば $A = E$ で A は正則であり，$A^{-1} = E = A^0$．$k > 1$ ならば，$A^k = E$ は，$AA^{k-1} = A^{k-1}A = E$ と書けるから，これは A が正則で $A^{-1} = A^{k-1}$ であることを意味する．

(2) A を正則とすると，A は逆行列をもつから，A^{-1} を $A^2 = A$ の両辺に左からかけると，$A^{-1}A^2 = A^{-1}A$．∴ $A = E$．これは仮定に反する．ゆえに，A は正則でない．

(3) A を正則として，$A^k = O$ の両辺の左側から A^{-1} をかけると $A^{k-1} = O$ となる．したがって再び左側から A^{-1} をかけると，$A^{k-2} = O$．これをつづけると，最後に $E = O$ が得られて矛盾する．ゆえに A は正則でない．

演習 1.2 $AB = AC$ で A が正則行列ならば，$B = C$ であることを示せ．

演習 1.3 A, B を正方行列とする．A および AB が正則ならば B も正則であることを示せ．

演習 1.4 A を正方行列とする．
    (1) A が直交行列   (2) A が対称行列   (3) $A^2 = E$
のうち，任意の 2 条件が満たされれば，残りの 1 つの条件も満たされることを証明せよ．

演習 1.5 行列 A, B が可換ならば，${}^tA, {}^tB$ も可換であることを示せ．

演習 1.6 A を正則行列，B を任意の行列とするとき，次の等式を示せ．
$$(A+B)A^{-1}(A-B) = (A-B)A^{-1}(A+B)$$

演習 1.7 $A^2 = E$ のとき次を示せ．
(1) $(E-A)^2 = 2(E-A)$ (2) $(E-A)(E+A) = O$

── 例題 1.3 ─────────────────────── 交代行列，直交行列 ──

A を n 次正方行列とし，$E+A$ を正則行列とする．このとき次を示せ．
(1) $(E-A)(E+A)^{-1} = (E+A)^{-1}(E-A)$
(2) $E + {}^tA$ も正則
(3) A が交代行列ならば，$(E-A)(E+A)^{-1}$ は直交行列

[解答] (1) $(E+A)(E-A) = E - A^2$, $(E-A)(E+A) = E - A^2$
$$\therefore \quad (E+A)(E-A) = (E-A)(E+A) \quad \cdots ①$$
①に左から $(E+A)^{-1}$ をかけると，
$$(E+A)^{-1}(E+A)(E-A) = (E+A)^{-1}(E-A)(E+A)$$
$$\therefore \quad E - A = (E+A)^{-1}(E-A)(E+A) \quad \cdots ②$$
②に右から $(E+A)^{-1}$ をかけると，次のような結論を得る．
$$(E-A)(E+A)^{-1} = (E+A)^{-1}(E-A).$$

(2) p.14 の定理 1.1 (3) より，${}^t(E+A) = E + {}^tA$．また，$E+A$ が正則であるから，p.24 の定理 1.2 より，${}^t(E+A)$ も正則，ゆえに $E + {}^tA$ は正則である．

(3) A が交代行列であるから，${}^tA = -A$．(2) より $E + {}^tA = E - A$ も正則であり，(1) と同様に
$$(E+A)(E-A)^{-1} = (E-A)^{-1}(E+A)$$
が成り立つ．さて
$$\begin{aligned}
{}^t((E-A)(E+A)^{-1}) &= {}^t((E+A)^{-1}) \, {}^t(E-A) \\
&= (E + {}^tA)^{-1}(E - {}^tA) = (E-A)^{-1}(E+A) \\
&= (E+A)(E-A)^{-1} = ((E-A)(E+A)^{-1})^{-1}
\end{aligned}$$
したがって，$(E-A)(E+A)^{-1}$ は直交行列である．

演習 1.8 任意の正方行列 A に対して，次の (1), (2) を示せ．
(1) $A + {}^tA$ は対称行列であり，$A - {}^tA$ は交代行列である．
(2) A は対称行列と交代行列の和として表される．

---- 例題 1.4 ————————————————————— 行列の負のべき ————

$A = \begin{bmatrix} 1 & 2 & -1 \\ 2 & -2 & 2 \\ -1 & 2 & 1 \end{bmatrix}$ のとき

(1) $A^2 + 2A - 8E = O$ を示せ．
(2) (1) を用いて，A^{-1}, A^{-2} を求めよ．

[解答] (1) $A^2 + 2A - 8E = (A+4E)(A-2E)$

$$= \begin{bmatrix} 5 & 2 & -1 \\ 2 & 2 & 2 \\ -1 & 2 & 5 \end{bmatrix} \begin{bmatrix} -1 & 2 & -1 \\ 2 & -4 & 2 \\ -1 & 2 & -1 \end{bmatrix} = O$$

(2) A が正則ならば*，(1) において左から A^{-1} をかけて，

$$A^{-1}(A^2 + 2A - 8E) = O$$

$$\therefore \quad A + 2E - 8A^{-1} = O$$

$$\therefore \quad A^{-1} = \frac{1}{8}(A + 2E)$$

$$\therefore \quad A^{-1} = \frac{1}{8}\begin{bmatrix} 3 & 2 & -1 \\ 2 & 0 & 2 \\ -1 & 2 & 3 \end{bmatrix}$$

同様に (1) において，左から A^{-2} をかけて，$A^{-2}(A^2 + 2A - 8E) = O$

$$\therefore \quad A^{-2} = \frac{1}{8}(E + 2A^{-1}) = \frac{1}{32}(6E + A) = \frac{1}{32}\begin{bmatrix} 7 & 2 & -1 \\ 2 & 4 & 2 \\ -1 & 2 & 7 \end{bmatrix}$$

演習 1.9 $A = \begin{bmatrix} 2 & -1 & 1 \\ -1 & 2 & -1 \\ 1 & -1 & 2 \end{bmatrix}$ のとき，

(1) $A^2 - 5A + 4E = O$ を示せ． (2) (1) を用いて，A^{-1}, A^{-2} を求めよ．

---

* 実際に $A \cdot \frac{1}{8}(A+2E) = \frac{1}{8}(A+2E) \cdot A = E$ が成立するので A は正則．

問の解答（第1章）

問 1.1 $\begin{bmatrix} 0 & 1 & 2 & 3 \\ -1 & 0 & 1 & 2 \\ -2 & -1 & 0 & 1 \end{bmatrix}$

問 1.2 $\begin{bmatrix} -1 & -4 & -7 \\ 1 & -2 & -5 \\ 3 & 0 & -3 \end{bmatrix}$

問 1.3 (1) $\begin{bmatrix} 0 & 1 & 1 & 1 \\ 1 & 0 & 1 & 1 \\ 1 & 1 & 0 & 1 \\ 1 & 1 & 1 & 0 \end{bmatrix}$ (2) $\begin{bmatrix} 1 & -1 & 1 & -1 \\ -1 & 1 & -1 & 1 \\ 1 & -1 & 1 & -1 \\ -1 & 1 & -1 & 1 \end{bmatrix}$

問 1.4 (1) $x = z = -2,\ y = -3$ (2) $x = 2,\ y = -3,\ z = 1$
(3) $x = y = 2,\ z = 1$

問 1.5 $AB_1 = \begin{bmatrix} -11 & 11 \\ -13 & 21 \\ 12 & -5 \end{bmatrix},\ AB_3 = \begin{bmatrix} -15 & 1 & 13 \\ -17 & 7 & 11 \\ 17 & 4 & -18 \end{bmatrix},\ AB_4 = \begin{bmatrix} 1 \\ 7 \\ 4 \end{bmatrix}$

問 1.6 省略

問 1.7 (1) 省略 (2) $\begin{bmatrix} -84 & 19 \\ -41 & -65 \\ 47 & -15 \end{bmatrix}$ (3) $\begin{bmatrix} 40 & -6 \\ 26 & 42 \\ -22 & 6 \end{bmatrix}$

(4) $\begin{bmatrix} 0 & -48 \\ 8 & -8 \end{bmatrix}$ ($\neq B^2 - C^2$)

問 1.8 $X = 2A + 3B = \begin{bmatrix} -5 & 16 & 3 \\ -10 & -1 & 9 \\ 11 & -6 & -1 \end{bmatrix}$

問 1.9 省略

問 1.10 (1) $AB = BA$ に A^{-1} を左からかけて $B = A^{-1}BA$. さらに A^{-1} を右からかけて $BA^{-1} = A^{-1}B$.
(2) (1)で得られた式 $BA^{-1} = A^{-1}B$ に B^{-1} を左からかけて，
$$A^{-1} = B^{-1}A^{-1}B.$$
さらに B^{-1} を右からかけて，
$$A^{-1}B^{-1} = B^{-1}A^{-1}.$$

問 1.11 (1) 転置を 2 回すればもとにもどるから明らかである．
(2), (3) は定義より明らか．
(4) $A = [a_{ij}], B = [b_{ij}]$ とおけば，

$${}^t(AB) \text{ の } (i,j) \text{ 成分} = AB \text{ の } (j,i) \text{ 成分}$$
$$= a_{j1}b_{1i} + a_{j2}b_{2i} + \cdots + a_{jn}b_{ni},$$
$${}^tB{}^tA \text{ の } (i,j) \text{ 成分} = b_{1i}a_{j1} + b_{2i}a_{j2} + \cdots + b_{ni}a_{jn}$$
$$= a_{j1}b_{1i} + a_{j2}b_{2i} + \cdots + a_{jn}b_{ni}$$

よって，
$$ {}^t(AB) = {}^tB{}^tA.$$

問 1.12 $A^{-1} = \dfrac{1}{2}\begin{bmatrix} -5 & 3 \\ -4 & 2 \end{bmatrix}$．$a \neq -6$ のとき $B^{-1} = \dfrac{1}{a+6}\begin{bmatrix} a & 3 \\ -2 & 1 \end{bmatrix}$．

問 1.13 もし A が零因子だとして，たとえば $AB = O, B \neq O$ とする．A^{-1} を左からかければ，$A^{-1}AB = A^{-1}O = O$．よって $B = O$．これは矛盾である．

問 1.14 例えば $A = \begin{bmatrix} 0 & -1 \\ -1 & 0 \end{bmatrix}, B = \begin{bmatrix} 0 & 1 \\ 0 & 0 \end{bmatrix}$ とすると，

$$(AB)^2 = \begin{bmatrix} 0 & 0 \\ 0 & 1 \end{bmatrix}, \quad A^2B^2 = \begin{bmatrix} 0 & 0 \\ 0 & 0 \end{bmatrix}$$
$$\therefore (AB)^2 \neq A^2B^2$$

問 1.15 (1) $A^2 = \begin{bmatrix} 2^2 & 0 \\ 0 & 3^2 \end{bmatrix}, A^3 = \begin{bmatrix} 2^3 & 0 \\ 0 & 3^3 \end{bmatrix}, \cdots, A^n = \begin{bmatrix} 2^n & 0 \\ 0 & 3^n \end{bmatrix}$

(2) $A^2 = \begin{bmatrix} a^2 & 2ab \\ 0 & a^2 \end{bmatrix}, \quad A^3 = \begin{bmatrix} a^3 & 3a^2b \\ 0 & a^3 \end{bmatrix}, \cdots, A^n = \begin{bmatrix} a^n & na^{n-1}b \\ 0 & a^n \end{bmatrix}$

演習問題解答（第 1 章）

演習 1.1 $(E - A)^2 = (E - A)(E - A) = E - A - A + A^2$
$$= E - 2A + A = E - A$$

演習 1.2 $AB = AC$ の両辺に左から A^{-1} をかけると，$A^{-1}AB = A^{-1}AC$．$A^{-1}A = E$ だから，$EB = EC$．∴ $B = C$．

演習 1.3 X を AB の逆行列とすると，$ABX = E$ で，A, X は正則だから，A^{-1} を左から，X^{-1} を右からかけて，$B = A^{-1}X^{-1}$ を得る．よって B は正則行列の積として表されるから正則である．

演習 1.4 まず (1), (2) ⇒ (3) を示す．A は直交行列だから $A^{-1} = {}^tA$. また対称行列だから，${}^tA = A$ となる．よって $A = A^{-1}$. この両辺に左から A をかけて (3) を得る．

次に (2), (3) ⇒ (1) を示す．(3) の両辺に左から A^{-1} をかけて，$A = A^{-1}$. (2) より ${}^tA = A$ だから $A^{-1} = {}^tA$ となり (1) を得る．

最後に (1), (3) ⇒ (2) を示す．(1) より ${}^tA = A^{-1}$, (3) より $A = A^{-1}$ だから ${}^tA = A$. これは (2) である．

演習 1.5 仮定から $AB = BA$. ゆえに，${}^t(AB) = {}^t(BA)$. p.14 の定理 1.1 (4) より，${}^tB{}^tA = {}^tA{}^tB$.

演習 1.6 左辺 $= (AA^{-1} + BA^{-1})(A - B) = (E + BA^{-1})(A - B)$
$$= EA - EB + BA^{-1}A - BA^{-1}B = A - B + BA^{-1}A - BA^{-1}B$$
$$= A - B + BE - BA^{-1}B = A - BA^{-1}B$$

右辺 $= (E - BA^{-1})(A + B) = A + B - BA^{-1}A - BA^{-1}B = A - BA^{-1}B$

演習 1.7 (1) $(E - A)^2 = (E - A)(E - A) = E - A - A + A^2$
$$= E - 2A + E = 2(E - A)$$

(2) $(E - A)(E + A) = E + A - A - A^2 = E + A - A - E = O$

演習 1.8 (1) ${}^t(A + {}^tA) = {}^tA + {}^t({}^tA) = {}^tA + A$. ゆえに $A + {}^tA$ は対称行列である．次に，${}^t(A - {}^tA) = {}^tA - {}^t({}^tA) = {}^tA - A = -(A - {}^tA)$. ゆえに $A - {}^tA$ は交代行列である．

(2) $A = \dfrac{1}{2}(A + {}^tA) + \dfrac{1}{2}(A - {}^tA)$　((1) 参照)

演習 1.9 (1) $A^2 - 5A + 4E = (A - E)(A - 4E)$
$$= \begin{bmatrix} 1 & -1 & 1 \\ -1 & 1 & -1 \\ 1 & -1 & 1 \end{bmatrix} \begin{bmatrix} -2 & -1 & 1 \\ -1 & -2 & -1 \\ 1 & -1 & -2 \end{bmatrix} = O$$

(2) $A^{-1} = \dfrac{1}{4}\begin{bmatrix} 3 & 1 & -1 \\ 1 & 3 & 1 \\ -1 & 1 & 3 \end{bmatrix}$, $A^{-2} = \dfrac{1}{16}\begin{bmatrix} 11 & 5 & -5 \\ 5 & 11 & 5 \\ -5 & 5 & 11 \end{bmatrix}$

第 2 章

連立 1 次方程式

本章の目的 連立 1 次方程式は未知数を順に消去して解くことができる．これは拡大係数行列に基本変形を行うことに他ならない．

本章では，行列の基本変形について考えたのち，それを連立 1 次方程式の解法に応用する．そして"階数"が行列にとって基本的なものであることを理解する．ついで基本行列を導入し，逆行列を求める．

本章の内容

2.1 基本変形，階数
2.2 連立 1 次方程式の解法
2.3 基本行列，逆行列の求め方
研究 一般解と基本解

2.1 基本変形，階数

連立1次方程式の行列表現　まず，$x_1, x_2, \cdots, x_n$ を未知数とする次のような連立1次方程式を考える．

$$\begin{cases} a_{11}x_1 + a_{12}x_2 + \cdots + a_{1n}x_n = b_1 \\ a_{21}x_1 + a_{22}x_2 + \cdots + a_{2n}x_n = b_2 \\ \phantom{a_{11}x_1+a_{12}x_2}\cdots \\ a_{m1}x_1 + a_{m2}x_2 + \cdots + a_{mn}x_n = b_m \end{cases} \begin{pmatrix} n \text{ は未知数の個数,} \\ m \text{ は方程式の個数,} \\ \text{一般には } m \neq n \end{pmatrix} \quad (2.1)$$

このとき，

$$\text{係数行列} \quad A = \begin{bmatrix} a_{11} & a_{12} & \cdots & a_{1n} \\ a_{21} & a_{22} & \cdots & a_{2n} \\ \vdots & \vdots & \ddots & \vdots \\ a_{m1} & a_{m2} & \cdots & a_{mn} \end{bmatrix} = [a_{ij}] \quad (2.2)$$

$$\text{列ベクトル} \quad \boldsymbol{x} = \begin{bmatrix} x_1 \\ x_2 \\ \vdots \\ x_n \end{bmatrix} = [x_j], \quad \boldsymbol{b} = \begin{bmatrix} b_1 \\ b_2 \\ \vdots \\ b_n \end{bmatrix} = [b_i]$$

とすると，連立1次方程式 (2.1) は

$$A\boldsymbol{x} = \boldsymbol{b} \quad \text{すなわち} \quad [a_{ij}][x_j] = [b_i] \quad (2.3)$$

と表される．この行列 A を係数行列という．これに $\boldsymbol{b}$ をつけた行列を**拡大係数行列**といい次のように表す．

$$\text{拡大係数行列} \quad \left[\begin{array}{cccc|c} a_{11} & a_{12} & \cdots & a_{1n} & b_1 \\ a_{21} & a_{22} & \cdots & a_{2n} & b_2 \\ \vdots & \vdots & \ddots & \vdots & \vdots \\ a_{m1} & a_{m2} & \cdots & a_{mn} & b_m \end{array} \right] = [\,A \mid \boldsymbol{b}\,] \quad (2.4)$$

また，A の各列ベクトルを $\boldsymbol{a}_1, \boldsymbol{a}_2, \cdots, \boldsymbol{a}_n$ とする連立1次方程式は

$$x_1 \boldsymbol{a}_1 + x_2 \boldsymbol{a}_2 + \cdots + x_n \boldsymbol{a}_n = \boldsymbol{b} \quad (2.5)$$

とも表される．

2.1 基本変形，階数

● **より理解を深めるために**

例 2.1 連立 1 次方程式 $\begin{cases} 2x_1 + 3x_2 = 8 \\ x_1 + 4x_2 = 5 \end{cases}$ の係数行列は $\begin{bmatrix} 2 & 3 \\ 1 & 4 \end{bmatrix}$，拡大係数行列は $\left[\begin{array}{cc|c} 2 & 3 & 8 \\ 1 & 4 & 5 \end{array}\right]$ であり，連立方程式は

$$\begin{bmatrix} 2 & 3 \\ 1 & 4 \end{bmatrix} \begin{bmatrix} x_1 \\ x_2 \end{bmatrix} = \begin{bmatrix} 8 \\ 5 \end{bmatrix}$$

あるいは，

$$x_1 \begin{bmatrix} 2 \\ 1 \end{bmatrix} + x_2 \begin{bmatrix} 3 \\ 4 \end{bmatrix} = \begin{bmatrix} 8 \\ 5 \end{bmatrix}$$

と表される．また次の連立 1 次方程式

$$\begin{cases} 3x_1 + 2x_2 - x_3 = 3 \\ 4x_1 + 3x_3 = 5 \end{cases}$$

の係数行列は $\begin{bmatrix} 3 & 2 & -1 \\ 4 & 0 & 3 \end{bmatrix}$，拡大係数行列は $\left[\begin{array}{ccc|c} 3 & 2 & -1 & 3 \\ 4 & 0 & 3 & 5 \end{array}\right]$ であり，連立 1 次方程式は

$$\begin{bmatrix} 3 & 2 & -1 \\ 4 & 0 & 3 \end{bmatrix} \begin{bmatrix} x_1 \\ x_2 \\ x_3 \end{bmatrix} = \begin{bmatrix} 3 \\ 5 \end{bmatrix}$$

あるいは，次のように表される．

$$x_1 \begin{bmatrix} 3 \\ 4 \end{bmatrix} + x_2 \begin{bmatrix} 2 \\ 0 \end{bmatrix} + x_3 \begin{bmatrix} -1 \\ 3 \end{bmatrix} = \begin{bmatrix} 3 \\ 5 \end{bmatrix} \qquad \square$$

(解答は章末の p.57 以降に掲載されています.)

問 2.1 次の連立 1 次方程式の係数行列と拡大係数行列を求めよ．

(1) $3x_1 + 2x_2 - 4x_3 = 13$

(2) $\begin{cases} x_1 + 3x_2 = 3 \\ -2x_1 - 5x_2 = -4 \\ 3x_1 + 8x_2 = 0 \end{cases}$

第2章 連立1次方程式

消去法による連立1次方程式の解法と拡大係数行列　p.36 の連立1次方程式 (2.1) を解くということは，(2.1) を満足する数の組 $\{x_1, x_2, \cdots, x_n\}$ をすべて求めることである．ここでは**消去法**を用いることによって (2.1) を解くことを考える．次に方程式の右側に拡大係数行列を並べて書き，その変化の様子をみよう．

[**I**]　　　連立1次方程式　　　　　拡大係数行列

$$\begin{cases} 2x_1 + 3x_2 = -1 \\ x_1 - x_2 = 2 \end{cases} \qquad \left[\begin{array}{cc|c} 2 & 3 & -1 \\ 1 & -1 & 2 \end{array}\right]$$

(1)　(第1式) + (第2式) × (−2)

$$\begin{cases} 5x_2 = -5 \\ x_1 - x_2 = 2 \end{cases} \qquad \left[\begin{array}{cc|c} 0 & 5 & -5 \\ 1 & -1 & 2 \end{array}\right]$$

(2)　(第1式) × 1/5

$$\begin{cases} x_2 = -1 \\ x_1 - x_2 = 2 \end{cases} \qquad \left[\begin{array}{cc|c} 0 & 1 & -1 \\ 1 & -1 & 2 \end{array}\right]$$

(3)　(第1式) と (第2式) を入れかえる．

$$\begin{cases} x_1 - x_2 = 2 \\ x_2 = -1 \end{cases} \qquad \left[\begin{array}{cc|c} 1 & -1 & 2 \\ 0 & 1 & -1 \end{array}\right]$$

(4)　(第1式) + (第2式)

$$\begin{cases} x_1 = 1 \\ x_2 = -1 \end{cases} \qquad \left[\begin{array}{cc|c} 1 & 0 & 1 \\ 0 & 1 & -1 \end{array}\right] \qquad \text{(答)} \begin{cases} x_1 = 1 \\ x_2 = -1 \end{cases}$$

行列の行基本変形　上記解法は，連立1次方程式に，①2つの式を入れかえる，②1つの式に他の式の何倍かを加える，③1つの式に0でない数をかける，という3つの操作をほどこして，簡単な連立1次方程式に変形している．このとき，拡大係数行列に対しては，それぞれの操作が行列の行に3つの変形，つまり次のような**行基本変形**となっている．

行基本変形	(L1)	2つの行を入れかえる．
	(L2)	1つの行に他の行の何倍かを加える．
	(L3)	1つの行に0でない数をかける．

2.1 基本変形, 階数

行列の列基本変形 行基本変形は行に 3 つの変形を行ったのであるが, 列についての 3 つの基本変形, つまり**列基本変形**を次のように定める.

> **列基本変形** (R1) 2 つの列を入れかえる.
> (R2) 1 つの列に他の列の何倍かを加える.
> (R3) 1 つの列に 0 でない数をかける.

p.38 の [I] では 1 組の解をもったが, いつもそうなるとは限らない. 次の例をみてみよう.

[II] $\begin{cases} x_1 + x_2 + 2x_3 = 1 \\ x_1 + 2x_2 + 3x_3 = 1 \\ 2x_1 + 2x_2 + 4x_3 = 2 \end{cases}$ $\begin{bmatrix} 1 & 1 & 2 & | & 1 \\ 1 & 2 & 3 & | & 1 \\ 2 & 2 & 4 & | & 2 \end{bmatrix}$

(1) (第 3 式) + (第 1 式) × (−2)

$\begin{cases} x_1 + x_2 + 2x_3 = 1 \\ x_1 + 2x_2 + 3x_3 = 1 \\ \qquad\qquad\quad 0 = 0 \end{cases}$ $\begin{bmatrix} 1 & 1 & 2 & | & 1 \\ 1 & 2 & 3 & | & 1 \\ 0 & 0 & 0 & | & 0 \end{bmatrix}$

(2) (第 2 式) + (第 1 式) × (−1)

$\begin{cases} x_1 + x_2 + 2x_3 = 1 \\ \quad\; x_2 + x_3 = 0 \\ \qquad\qquad\quad 0 = 0 \end{cases}$ $\begin{bmatrix} 1 & 1 & 2 & | & 1 \\ 0 & 1 & 1 & | & 0 \\ 0 & 0 & 0 & | & 0 \end{bmatrix}$

(3) (第 1 式) + (第 2 式) × (−1)

$\begin{cases} x_1 \quad\;\; + x_3 = 1 \\ \quad\; x_2 + x_3 = 0 \\ \qquad\qquad 0 = 0 \end{cases}$ $\begin{bmatrix} 1 & 0 & 1 & | & 1 \\ 0 & 1 & 1 & | & 0 \\ 0 & 0 & 0 & | & 0 \end{bmatrix}$

ここで, $x_3 = \alpha$ (任意の数) とすると, 次のように無数の解を得る.

(答) $x_1 = 1 - \alpha,\ x_2 = -\alpha,\ x_3 = \alpha$

問 2.2 次の連立 1 次方程式を解け.

(1) $\begin{cases} 2x_1 - 3x_2 + 5x_3 = -3 \\ x_1 + x_2 - x_3 = 0 \\ -3x_1 - 6x_2 + 2x_3 = -7 \end{cases}$ (2) $\begin{cases} x - y + 2z = 4 \\ x + y + z = 1 \\ 3x + y + 4z = 6 \end{cases}$

連立1次方程式はいつも解くことができるのであろうか．次の方程式の場合をみてみよう．

[**III**]　連立1次方程式　$\begin{cases} x_1 + 3x_2 + x_3 - 8x_4 = 3 \\ -2x_1 - 5x_2 - x_3 + 13x_4 = -4 \\ 3x_1 + 8x_2 + 2x_3 - 21x_4 = 0 \end{cases}$

ここでは拡大係数行列だけに着目して考えることにする．またこの計算を行列の形で進めないで，次のように能率よく，縦書きで進めることも多い．表の右側の①，②，③は1つ前の行列の第1行，第2行，第3行をさすものとする．

拡大係数行列

1	3	1	−8	3	
−2	−5	−1	13	−4	
3	8	2	−21	0	
1	3	1	−8	3	
0	1	1	−3	2	② + ① × 2
0	−1	−1	3	−9	③ + ① × (−3)
1	3	1	−8	3	
0	1	1	−3	2	
0	0	0	0	−7	③ + ②

この最後の行は $0 \cdot x_1 + 0 \cdot x_2 + 0 \cdot x_3 + 0 \cdot x_4 = -7$ を意味し，どんな x_1, x_2, x_3, x_4 に対しても成立しない．ゆえに解は存在しない．

これまで述べた3つの例 (p.38 の [I]，p.39 の [II]，上記 [III]) が示すように，連立1次方程式は必ず解をもつとは限らないし，また解をもつ場合でもそれはただ1組とは限らない．

- どのような場合に解をもつのか．
- 解が1組であるのはどのような場合か．
- 多くの解をもつとき，それらはどのように表されるのか．

などについては，p.46 以降で詳しく調べる．

掃き出し法　上の表の着色部分のように，1つの列の1つの成分を除き (この例は (1,1) 成分)，その列の他の成分がすべて0である行列へと，一連の基本変形により変形する方法を**掃き出し法**といい，この操作をその列を**掃き出す**という (ここでは列について述べたが行についても同様である)．

2.1 基本変形，階数

● **より理解を深めるために** ●

例 2.2 次の連立 1 次方程式を拡大係数行列の行基本変形を用いて解け．

$$\begin{cases} 2x + 3y - z = -3 \\ -x + 2y + 2z = 1 \\ x + y - z = -2 \end{cases}$$

[解] 拡大係数行列とその行基本変形を右のように略記して縦に書くこととする．表の右側の①，②，③はその 1 つ上の行列の第 1 行，第 2 行，第 3 行を表す．右の拡大係数行列を色をつけた最後の欄を連立 1 次方程式にもどして

$$\begin{cases} x = 1 \\ y = -1 \\ z = 2 \end{cases}$$

すなわち，

(答) $\begin{cases} x = 1 \\ y = -1 \\ z = 2 \end{cases}$

を得る． ■

拡大係数行列

2	3	−1	−3	
−1	2	2	1	
1	1	−1	−2	
0	1	1	1	① + ③ × (−2)
0	3	1	−1	② + ③
1	1	−1	−2	
1	1	−1	−2	①と③ の入れかえ
0	3	1	−1	
0	1	1	1	
1	0	−2	−3	① + ③ × (−1)
0	0	−2	−4	② + ③ × (−3)
0	1	1	1	
1	0	−2	−3	
0	0	1	2	② × (−$\frac{1}{2}$)
0	1	1	1	
1	0	−2	−3	
0	1	1	1	②と③ の入れかえ
0	0	1	2	
1	0	0	1	① + ③ × 2
0	1	0	−1	② + ③ × (−1)
0	0	1	2	

問 2.3 次の連立 1 次方程式を拡大係数行列の行基本変形を用いて解け．

(1) $\begin{cases} x_1 + x_2 - x_3 = 1 \\ 2x_1 + x_2 + 3x_3 = 4 \\ -x_1 + 2x_2 - 4x_3 = -2 \end{cases}$

(2) $\begin{cases} x_1 + 2x_2 - 8x_3 - 3x_4 = 1 \\ 2x_1 - x_2 - x_3 + 4x_4 = 7 \\ 3x_1 + 2x_2 - 12x_3 - x_4 = 6 \end{cases}$

(3) $\begin{cases} x_1 + x_2 + x_3 = 1 \\ 2x_1 + 3x_2 + 2x_3 = 1 \\ 3x_1 + 4x_2 + 3x_3 = 2 \end{cases}$

(4) $\begin{cases} x_1 + x_2 + x_3 = 2 \\ 2x_1 + x_2 = 3 \\ 2x_2 + x_3 = -1 \\ x_1 - x_3 = 1 \end{cases}$

階段行列　$m \times n$ 行列 A に行基本変形 (L1), (L2), (L3) と列基本変形 (R1) を用いて，次の形に変形する（⇨ 例 2.3）．

$$\begin{bmatrix} \overbrace{E_r}^{r} & \overbrace{C}^{n-r} \\ \hline O & O \end{bmatrix} \begin{matrix} \} r \\ \} m-r \end{matrix} \quad \begin{pmatrix} E_r : r \text{ 次の単位行列} \\ O : \text{零行列} \end{pmatrix}$$

この形の行列を**階段行列**という．

定理 2.1（変形定理）　$A(\neq O)$ を $m \times n$ 行列とする．
(1)　行列 A は行基本変形 (L1), (L2), (L3) と列基本変形 (R1) により次のような階段行列に変形することができる．

$$\begin{bmatrix} \overbrace{E_r}^{r} & \overbrace{C}^{n-r} \\ \hline O & O \end{bmatrix} \begin{matrix} \} r \\ \} m-r \end{matrix} \tag{2.6}$$

(2)　行列 A は行基本変形 (L1), (L2), (L3) と列基本変形 (R1), (R2) により次の形に変形される．これを A の**標準形**という．

$$\begin{bmatrix} \overbrace{E_r}^{r} & \overbrace{O}^{n-r} \\ \hline O & O \end{bmatrix} \begin{matrix} \} r \\ \} m-r \end{matrix} \tag{2.7}$$

（この定理の証明は p.44 で行う．）

行列の階数　行列 A を階段行列に変形したときの r，標準形の r を，行列 A の**階数** (**rank**) といい，

$$\operatorname{rank} A = r$$

と表す．$A = O$ のときは $\operatorname{rank} A = 0$ と定める．

また，n 次の単位行列 E に対しては，$\operatorname{rank} E = n$ である．

階数は，行基本変形や列基本変形の仕方によらず行列 A によって一定であることが知られている．

2.1 基本変形，階数

● **より理解を深めるために**

例 2.3 次の行列を階段行列に変形せよ．また標準形を求めよ．

$$\begin{bmatrix} 1 & 2 & 2 & 0 & -3 \\ 2 & 4 & 4 & 3 & 0 \\ -1 & -1 & 1 & 0 & 3 \\ 0 & 1 & 3 & 2 & 4 \end{bmatrix}$$

[解] $\begin{bmatrix} 1 & 2 & 2 & 0 & -3 \\ 2 & 4 & 4 & 3 & 0 \\ -1 & -1 & 1 & 0 & 3 \\ 0 & 1 & 3 & 2 & 4 \end{bmatrix} \underset{(1,1)}{\overset{掃き出し}{\Longrightarrow}} \begin{bmatrix} 1 & 2 & 2 & 0 & -3 \\ 0 & 0 & 0 & 3 & 6 \\ 0 & 1 & 3 & 0 & 0 \\ 0 & 1 & 3 & 2 & 4 \end{bmatrix}$

$\underset{\substack{2\,行 \rightleftarrows 3\,行 \\ 入れかえ}}{\Longrightarrow} \begin{bmatrix} 1 & 2 & 2 & 0 & -3 \\ 0 & 1 & 3 & 0 & 0 \\ 0 & 0 & 0 & 3 & 6 \\ 0 & 1 & 3 & 2 & 4 \end{bmatrix} \underset{(2,2)}{\overset{掃き出し}{\Longrightarrow}} \begin{bmatrix} 1 & 0 & -4 & 0 & -3 \\ 0 & 1 & 3 & 0 & 0 \\ 0 & 0 & 0 & 3 & 6 \\ 0 & 0 & 0 & 2 & 4 \end{bmatrix}$

$\underset{\substack{(4\,行 \times \frac{1}{2}) \\ -(3\,行 \times \frac{1}{3})}}{\Longrightarrow} \begin{bmatrix} 1 & 0 & -4 & 0 & -3 \\ 0 & 1 & 3 & 0 & 0 \\ 0 & 0 & 0 & 1 & 2 \\ 0 & 0 & 0 & 0 & 0 \end{bmatrix} \underset{3\,列 \rightleftarrows 4\,列}{\Longrightarrow} \begin{bmatrix} 1 & 0 & 0 & -4 & -3 \\ 0 & 1 & 0 & 3 & 0 \\ 0 & 0 & 1 & 0 & 2 \\ 0 & 0 & 0 & 0 & 0 \end{bmatrix}$

最後に得られた階段行列にさらに基本変形 (R2) を用いて，$(1,1), (2,2), (3,3)$ の各成分を中心として，第 1 列，第 2 列，第 3 列を掃き出せば右のような標準形を得る．

$\begin{bmatrix} 1 & 0 & 0 & 0 & 0 \\ 0 & 1 & 0 & 0 & 0 \\ 0 & 0 & 1 & 0 & 0 \\ 0 & 0 & 0 & 0 & 0 \end{bmatrix}$

問 2.4 次の行列の階段行列と階数を求めよ．

(1) $\begin{bmatrix} 1 & 2 & 4 & 3 \\ 0 & 1 & 3 & 1 \\ 2 & 1 & -1 & 3 \end{bmatrix}$ (2) $\begin{bmatrix} 2 & 1 & 0 & 4 \\ 1 & 0 & 2 & 2 \\ 3 & 2 & 1 & 9 \end{bmatrix}$

[**定理 2.1 (p.42)** の証明]

(1) $A \neq O$ であるから，$a_{ij} \neq 0$ とする．

① 第1行と第i行を入れかえ，さらに第1列と第j列を入れかえる．

$$\begin{bmatrix} * & \vdots & * \\ \cdots & a_{ij} & \cdots \\ * & \vdots & * \end{bmatrix} \xrightarrow[1行 \rightleftarrows i行]{(L1)} \begin{bmatrix} \cdots & a_{ij} & \cdots \\ * & \vdots & * \\ \cdots & \cdots & \cdots \\ * & \vdots & * \end{bmatrix}$$

$$\xrightarrow[1列 \rightleftarrows j列]{(R1)} \begin{bmatrix} a_{ij} & \cdots & \cdots \\ * & \vdots & * \\ \cdots & \cdots & \cdots \\ * & \vdots & * \end{bmatrix} \quad (*\text{は数を表す．})$$

② 第1行を $\frac{1}{a_{ij}}$ 倍し，第 $(1,1)$ 成分を1とする．

③ 第 $(1,1)$ 成分を中心として，第1列を掃き出す．

$$\xrightarrow[1行 \times \frac{1}{a_{ij}}]{(L3)} \begin{bmatrix} 1 & * \\ * & * \end{bmatrix} \xrightarrow[\text{掃き出し}(1,1)]{(L2)} \begin{bmatrix} 1 & * \\ 0 & \\ \vdots & A_1 \\ 0 & \end{bmatrix}$$

$A_1 = O$ ならば，これは階段行列 $(r=1)$ である．

④ $A_1 \neq O$ ならば，同様にして，A_1 の第 $(1,1)$ 成分 (A の第 $(2,2)$ 成分) を1とすることができる．第 $(2,2)$ 成分を中心として第2列を掃き出す．

$$\xrightarrow[\text{掃き出し}(2,2)]{(L2)} \begin{bmatrix} 1 & 0 & * \\ 0 & 1 & \\ \hline O & & A_2 \end{bmatrix}$$

⑤ $A_2 = O$ ならば，これは階段行列 $(r=2)$ である．$A_2 \neq O$ ならば，①〜③の操作を繰り返して行う．$A_r = O$ となったところで p.42 の階段行列 (2.6) を得る．

(2) 上の (1) で得られた階段行列 (2.6) に列基本変形 (R2) を用いて，それぞれ第 $(1,1)$ 成分，第 $(2,2)$ 成分，$\cdots$，第 (r,r) 成分を中心として，第1行，第2行，$\cdots$，第 r 行を掃き出せば，p.42 の標準形 (2.7) が得られる（⇨p.43 の例 2.3）． ∎

2.1 基本変形，階数

● **より理解を深めるために** ●

例 2.4 次の行列の階数を求めよ．

(1) $\begin{bmatrix} x & 1 & 0 \\ 1 & x & 1 \\ 0 & 1 & x \end{bmatrix}$ $(x \neq 0)$ (2) $\begin{bmatrix} 1 & x & x \\ x & 1 & x \\ x & x & 1 \end{bmatrix}$ $(x \neq 0,\ x \neq 1)$ □

[解] ①，②，③はすぐ前の行列の第1行，第2行，第3行を表す．

(1)

x	1	0	
1	x	1	
0	1	x	
1	x	1	①と②を入れ
x	1	0	かえる
0	1	x	
1	x	1	
0	$1-x^2$	$-x$	② + ① × $(-x)$
0	1	x	
1	x	1	
0	1	x	②と③を入れ
0	$1-x^2$	$-x$	かえる
1	0	$1-x^2$	① + ② × $(-x)$
0	1	x	
0	0	$x(x^2-2)$	③ + ② × (x^2-1)

$\therefore \begin{cases} x = \pm\sqrt{2} \text{のとき階数 2,} \\ x \neq \pm\sqrt{2} \text{のとき階数 3.} \end{cases}$

(2)

1	x	x	
x	1	x	
x	x	1	
1	x	x	
0	$1-x^2$	$x-x^2$	② + ① × $(-x)$
0	$x-x^2$	$1-x^2$	③ + ① × $(-x)$
1	x	x	
0	$1+x$	x	② × $1/(1-x)$
0	x	$1+x$	③ × $1/(1-x)$
1	0	-1	① + ③ × (-1)
0	1	-1	② + ③ × (-1)
0	x	$1+x$	
1	0	-1	
0	1	-1	
0	0	$1+2x$	③ + ② × $(-x)$

$\therefore \begin{cases} x = -1/2 \text{のとき階数 2,} \\ x \neq -1/2 \text{のとき階数 3.} \end{cases}$ ■

問 2.5[*] 次の行列の階数を求めよ．

$$\begin{bmatrix} 1 & 2 & 3 & 5 \\ -1 & a-2 & 4 & 1 \\ -2 & -4 & a-3 & -10 \end{bmatrix}$$

---

[*] 「基本演習線形代数」(サイエンス社) p.25 の問題 2.4 (3) 参照．

2.2　連立1次方程式の解法

> **定理 2.2** (解の存在条件)　A を $m \times n$ 行列とするとき，連立1次方程式 $A\boldsymbol{x} = \boldsymbol{b}$ が解をもつための必要十分条件は $\operatorname{rank}[A \mid \boldsymbol{b}] = \operatorname{rank} A$ が成り立つことである．

[証明]　連立1次方程式 $A\boldsymbol{x} = \boldsymbol{b}$ の拡大係数行列 $[A \mid \boldsymbol{b}]$ は，行基本変形 (L1), (L2), (L3) と最後の列を除く2つの列の交換という列基本変形 (R1) を行うことにより，次の形の行列に変形できる．

$$[\,C \mid \boldsymbol{d}\,] = \left[\begin{array}{c|ccc|c} & c_{1\,r+1} & \cdots & c_{1n} & d_1 \\ E_r & \vdots & & \vdots & d_2 \\ & \vdots & & \vdots & \vdots \\ & c_{r\,r+1} & \cdots & c_{rn} & d_r \\ \hline & & & & d_{r+1} \\ O & & O & & \vdots \\ & & & & d_m \end{array}\right] \begin{array}{l} \left.\begin{array}{l}\\ \\ \\ \\ \end{array}\right\} r \\ \left.\begin{array}{l}\\ \\ \\ \end{array}\right\} m-r \end{array} \tag{2.8}$$

このとき，列の交換を行っていれば，列の交換に対応する未知数 $x_1, x_2, \cdots, x_n$ の順序を交換したものを $y_1, y_2, \cdots, y_n$ とすると，$A\boldsymbol{x} = \boldsymbol{b}$ は $C\boldsymbol{y} = \boldsymbol{d}$ と同値になる．

$$\begin{cases} y_1 & + c_{1\,r+1}y_{r+1} + \cdots + c_{1n}y_n = d_1 \\ y_2 & + c_{2\,r+1}y_{r+1} + \cdots + c_{2n}y_n = d_2 \\ \ddots & \phantom{+ c_{2\,r+1}y_{r+1}} \cdots \cdots \\ y_r & + c_{r\,r+1}y_{r+1} + \cdots + c_{rn}y_n = d_r \\ & \phantom{+ c_{r\,r+1}y_{r+1} + \cdots + c_{rn}y_n} 0 = d_{r+1} \\ & \phantom{+ c_{r\,r+1}y_{r+1} + \cdots + c_{rn}y_n} \cdots \cdots \\ & \phantom{+ c_{r\,r+1}y_{r+1} + \cdots + c_{rn}y_n} 0 = d_m \end{cases} \tag{2.9}$$

したがって，$d_{r+1}, \cdots, d_m$ の中に0でないものがあれば，方程式 (2.9) は解をもたないし，$d_{r+1} = \cdots = d_m = 0$ ならば (2.8) は解をもつ．よって，$A\boldsymbol{x} = \boldsymbol{b}$ が解をもつための必要十分条件は $d_{r+1} = \cdots = d_m = 0$ である．このことは $\operatorname{rank} A = \operatorname{rank}[A \mid \boldsymbol{b}]$ と同値である．　■

2.2 連立1次方程式の解法

● **より理解を深めるために** ●

例 2.5 連立1次方程式 $\begin{cases} x_1 - 2x_2 + 5x_3 = 0 \\ -3x_1 + x_2 + 2x_3 = -3 \\ 2x_1 - x_2 + x_3 = 3 \\ 4x_1 - 2x_2 - 3x_3 = 1 \end{cases}$ を解け. □

[解]

$[\,A \mid \boldsymbol{b}\,] = \begin{bmatrix} 1 & -2 & 5 & 0 \\ -3 & 1 & 2 & -3 \\ 2 & -1 & 1 & 3 \\ 4 & -2 & -3 & 1 \end{bmatrix} \underset{(1,1)}{\overset{掃き出し}{\Longrightarrow}} \begin{bmatrix} 1 & -2 & 5 & 0 \\ 0 & -5 & 17 & -3 \\ 0 & 3 & -9 & 3 \\ 0 & 6 & -23 & 1 \end{bmatrix}$

$\underset{3\text{行} \times \frac{1}{3}}{\Longrightarrow} \begin{bmatrix} 1 & -2 & 5 & 0 \\ 0 & -5 & 17 & -3 \\ 0 & 1 & -3 & 1 \\ 0 & 6 & -23 & 1 \end{bmatrix} \underset{2\text{行} \rightleftarrows 3\text{行}}{\Longrightarrow} \begin{bmatrix} 1 & -2 & 5 & 0 \\ 0 & 1 & -3 & 1 \\ 0 & -5 & 17 & -3 \\ 0 & 6 & -23 & 1 \end{bmatrix}$

$\underset{(2,2)}{\overset{掃き出し}{\Longrightarrow}} \begin{bmatrix} 1 & 0 & -1 & 2 \\ 0 & 1 & -3 & 1 \\ 0 & 0 & 2 & 2 \\ 0 & 0 & -5 & -5 \end{bmatrix} \underset{\substack{3\text{行} \times \frac{1}{2} \\ 4\text{行} \times \frac{1}{5}}}{\Longrightarrow} \begin{bmatrix} 1 & 0 & -1 & 2 \\ 0 & 1 & -3 & 1 \\ 0 & 0 & 1 & 1 \\ 0 & 0 & -1 & -1 \end{bmatrix}$

$\underset{(3,3)}{\overset{掃き出し}{\Longrightarrow}} \begin{bmatrix} 1 & 0 & 0 & 3 \\ 0 & 1 & 0 & 4 \\ 0 & 0 & 1 & 1 \\ 0 & 0 & 0 & 0 \end{bmatrix}$ $\therefore\ \text{rank}\,[\,A \mid \boldsymbol{b}\,] = \text{rank}\,A = 3$. よって, この連立1次方程式は次のような解をもつ. (答) $x_1 = 3,\ x_2 = 4,\ x_3 = 1$ ∎

問 2.6[*] 次の連立1次方程式を解け.

$\begin{cases} 2x_1 + 5x_2 - x_3 = 7 \\ -2x_1 - 6x_2 + 7x_3 = -3 \\ x_1 + 3x_2 - x_3 = 4 \\ -x_2 + 6x_3 = 4 \end{cases}$

---

[*] 「基本演習線形代数」(サイエンス社) p.30 の問題 2.8 (1) を参照.

解の自由度　連立 1 次方程式 $A\boldsymbol{x} = \boldsymbol{b}$ が解をもつとき，その解の一般的な形は p.46 の (2.9) より，$n - r$ 個の未知数 $y_{r+1}, \cdots, y_n$ に任意の値
$$y_{r+1} = \alpha_1, \quad \cdots, \quad y_n = \alpha_{n-r}$$
を与えることにより，次のように表される．
$$\begin{cases} y_1 = d_1 - c_{1r+1}\alpha_1 - \cdots - c_{1n}\alpha_{n-r} \\ y_2 = d_2 - c_{2r+1}\alpha_1 - \cdots - c_{2n}\alpha_{n-r} \\ \quad \vdots \\ y_r = d_r - c_{rr+1}\alpha_1 - \cdots - c_{rn}\alpha_{n-r} \\ y_{r+1} = \alpha_1 \\ \quad \vdots \\ y_n = \alpha_{n-r} \end{cases} \tag{2.10}$$
すべての解を表すのに必要な任意定数 $\alpha_1, \alpha_2, \cdots, \alpha_{n-r}$ の個数
$$n - r = n - \operatorname{rank} A$$
を $A\boldsymbol{x} = \boldsymbol{b}$ の解の自由度という．

解がただ 1 組しかないのは，任意定数が現れないとき，すなわち，解の自由度が 0 のときである．言い換えると，係数行列の階数と未知数が一致するときである．

また無数の解をもつのは，任意定数が現れるとき，すなわち解の自由度が正のときである．よって，p.46 の定理 2.2 とあわせて次の定理を得る．

> **定理 2.3** (解の自由度)　未知数が n 個の連立 1 次方程式 $A\boldsymbol{x} = \boldsymbol{b}$ において，次が成り立つ．
> (1)　(解の一意性)　$A\boldsymbol{x} = \boldsymbol{b}$ が，ただ 1 組の解をもつための必要十分条件は
> $$\operatorname{rank} [\ A \mid \boldsymbol{b}\ ] = \operatorname{rank} A = n,$$
> (2)　(解が無数に存在)　$A\boldsymbol{x} = \boldsymbol{b}$ が，無数の解をもつための必要十分条件は
> $$\operatorname{rank} [\ A \mid \boldsymbol{b}\ ] = \operatorname{rank} A < n.$$

注意 2.1　p.46 の定理 2.2 は連立 1 次方程式の解の存在条件であり，上記定理 2.3 は 1 組の解をもつための条件や無数の解をもつための条件を示すものである．

2.2 連立1次方程式の解法

● **より理解を深めるために** ●

例 2.6 次の連立1次方程式を解け.

$$\begin{cases} x_1 - x_2 - 6x_3 + x_4 + 2x_5 = 4 \\ 2x_1 - x_2 - x_3 - 2x_4 + 3x_5 = 5 \\ 3x_1 - x_2 + 4x_3 - 5x_4 + 4x_5 = 6 \end{cases}$$

[解]
$$\begin{bmatrix} 1 & -1 & -6 & 1 & 2 & | & 4 \\ 2 & -1 & -1 & -2 & 3 & | & 5 \\ 3 & -1 & 4 & -5 & 4 & | & 6 \end{bmatrix} \underset{(1,1)}{\overset{\text{掃き出し}}{\Longrightarrow}} \begin{bmatrix} 1 & -1 & -6 & 1 & 2 & | & 4 \\ 0 & 1 & 11 & -4 & -1 & | & -3 \\ 0 & 2 & 22 & -8 & -2 & | & -6 \end{bmatrix}$$

$$\underset{(2,2)}{\overset{\text{掃き出し}}{\Longrightarrow}} \begin{bmatrix} 1 & 0 & 5 & -3 & 1 & | & 1 \\ 0 & 1 & 11 & -4 & -1 & | & -3 \\ 0 & 0 & 0 & 0 & 0 & | & 0 \end{bmatrix} \quad \therefore \quad \mathrm{rank}\,[A \mid \boldsymbol{b}] = \mathrm{rank}\,A = 2$$

よって,この連立方程式は解をもち,解の自由度は $n-r=5-2=3$ である.よって,p.48 の (2.10) により,$\alpha_1, \alpha_2, \alpha_3$ を任意の数として,$x_3 = \alpha_1, x_4 = \alpha_2, x_5 = \alpha_3$ とおいて,次の結果を得る.

$$\begin{cases} x_1 = 1 - 5\alpha_1 + 3\alpha_2 - \alpha_3 \\ x_2 = -3 - 11\alpha_1 + 4\alpha_2 + \alpha_3 \\ x_3 = \alpha_1 \\ x_4 = \alpha_2 \\ x_5 = \alpha_3 \end{cases} \quad (\alpha_1, \alpha_2, \alpha_3 \text{は任意}) \qquad \blacksquare$$

〈追記〉 この例は,$\mathrm{rank}\,[A \mid \boldsymbol{b}] = 2 < 5$ (未知数の数) であるので解は無数にあるが,p.47 の例 2.5 は $\mathrm{rank}\,[A \mid \boldsymbol{b}] = 3$ (未知数の数) であるので,解はただ1組である.

問 2.7[*] 次の連立1次方程式を解け.

$$\begin{cases} x_1 - x_2 - 4x_3 + 6x_4 - 4x_5 = 1 \\ 2x_1 - x_2 + 3x_3 - 4x_4 + 5x_5 = 2 \\ 3x_1 - 2x_2 - x_3 + 2x_4 + x_5 = 3 \end{cases}$$

---

[*] 「基本演習線形代数」(サイエンス社) p.33 の問題 2.12 (1) を参照.

2.3 基本行列，逆行列の求め方

基本行列　次の3つの正方行列 $P_{ij}, Q_{ij}(\alpha), R_i(\alpha)$ を**基本行列**という．A を $m \times n$ 次の行列とし，基本行列を左からかけるときは m 次とし，右からかけるときは n 次とする．

$$P_{ij} = \begin{bmatrix} 1 & & & & & & & & \\ & \ddots & & & & & O & & \\ & & 1 & & & & & & \\ \cdots & \cdots & 0 & \cdots & 1 & \cdots & \cdots & \cdots & \\ & & & 1 & & & & & \\ & & & & \ddots & & & & \\ & & & & & 1 & & & \\ \cdots & \cdots & 1 & \cdots & 0 & \cdots & \cdots & \cdots & \\ & & & & & & 1 & & \\ & O & & & & & & \ddots & \\ & & & & & & & & 1 \end{bmatrix} \begin{matrix} \\ \\ \\ i \\ \\ \\ \\ j \\ \\ \\ \end{matrix}$$

$\begin{pmatrix} P_{ij} \text{ は単位行列 } E \text{ の } i \text{ 行と}\\ j \text{ 行を入れかえた行列である．} \end{pmatrix}$

- $P_{ij}A \cdots A$ の i 行と j 行を入れかえる．
- $AP_{ij} \cdots A$ の i 列と j 列を入れかえる．

$$Q_{ij}(\alpha) = \begin{bmatrix} 1 & & & & & \\ & \ddots & & & O & \\ \cdots & \cdots & 1 & \cdots & \alpha & \cdots \\ & & & \ddots & & \\ \cdots & \cdots & 0 & \cdots & 1 & \cdots \\ & O & & & & \ddots \\ & & & & & & 1 \end{bmatrix} \begin{matrix} \\ \\ i \\ \\ j \\ \\ \end{matrix}$$

$\begin{pmatrix} Q_{ij}(\alpha) \text{ は } E \text{ の } i \text{ 行に } j \text{ 行の}\\ \alpha(\neq 0) \text{ 倍を加えた行列である．} \end{pmatrix}$

- $Q_{ij}(\alpha)A \cdots A$ の i 行に j 行の α 倍を加える．
- $AQ_{ij}(\alpha) \cdots A$ の j 列に i 列の α 倍を加える．

$$R_i(\alpha) = \begin{bmatrix} 1 & & & & \\ & \ddots & & O & \\ & & 1 & & \\ \cdots & \cdots & \alpha & \cdots & \cdots \\ & & & 1 & \\ & O & & & \ddots \\ & & & & & 1 \end{bmatrix} \, i$$

$\begin{pmatrix} R_i(\alpha) \text{ は } E \text{ の } i \text{ 行を } \alpha \text{ 倍した}\\ \text{行列である．} \end{pmatrix}$

- $R_i(\alpha)A \cdots A$ の i 行を α 倍する．
- $AR_i(\alpha) \cdots A$ の i 列を α 倍する．

(⇨ p.51 の例 2.7, 問 2.8)．

このように，基本行列を定義すると，次の定理が成り立つ．

定理 2.4（基本行列の正則性）　3つの基本行列 $P_{ij}, Q_{ij}(\alpha), R_i(\alpha)$ は正則行列で，その逆行列も同じ型の基本行列である．すなわち

$$(P_{ij})^{-1} = P_{ij}, \quad Q_{ij}(\alpha)^{-1} = Q_{ij}(-\alpha), \quad R_i(\alpha)^{-1} = R_i(\alpha^{-1})$$

証明は p.51 の問 2.9 をみよ．

2.3 基本行列，逆行列の求め方

● **より理解を深めるために** ●

例 2.7 4×3 行列 A に 4 次の 3 つの基本行列 $P_{23}, Q_{23}(\alpha), R_3(\alpha)$ $(\alpha \neq 0)$ を左からかけると，A の行基本変形が得られることを示せ． □

[解]

(1) $P_{23}A = \begin{bmatrix} 1 & 0 & 0 & 0 \\ 0 & 0 & 1 & 0 \\ 0 & 1 & 0 & 0 \\ 0 & 0 & 0 & 1 \end{bmatrix} \begin{bmatrix} a_{11} & a_{12} & a_{13} \\ a_{21} & a_{22} & a_{23} \\ a_{31} & a_{32} & a_{33} \\ a_{41} & a_{42} & a_{43} \end{bmatrix} = \begin{bmatrix} a_{11} & a_{12} & a_{13} \\ a_{31} & a_{32} & a_{33} \\ a_{21} & a_{22} & a_{23} \\ a_{41} & a_{42} & a_{43} \end{bmatrix}$

(第 2 行と第 3 行を入れかえる)

(2) $Q_{23}(\alpha)A = \begin{bmatrix} 1 & 0 & 0 & 0 \\ 0 & 1 & \alpha & 0 \\ 0 & 0 & 1 & 0 \\ 0 & 0 & 0 & 1 \end{bmatrix} \begin{bmatrix} a_{11} & a_{12} & a_{13} \\ a_{21} & a_{22} & a_{23} \\ a_{31} & a_{32} & a_{33} \\ a_{41} & a_{42} & a_{43} \end{bmatrix}$

$= \begin{bmatrix} a_{11} & a_{12} & a_{13} \\ a_{21}+\alpha a_{31} & a_{22}+\alpha a_{32} & a_{23}+\alpha a_{33} \\ a_{31} & a_{32} & a_{33} \\ a_{41} & a_{42} & a_{43} \end{bmatrix}$

(第 2 行に第 3 行を α $(\alpha \neq 0)$ 倍したものを加える)

(3) $R_3(\alpha)A = \begin{bmatrix} 1 & 0 & 0 & 0 \\ 0 & 1 & 0 & 0 \\ 0 & 0 & \alpha & 0 \\ 0 & 0 & 0 & 1 \end{bmatrix} \begin{bmatrix} a_{11} & a_{12} & a_{13} \\ a_{21} & a_{22} & a_{23} \\ a_{31} & a_{32} & a_{33} \\ a_{41} & a_{42} & a_{43} \end{bmatrix} = \begin{bmatrix} a_{11} & a_{12} & a_{13} \\ a_{21} & a_{22} & a_{23} \\ \alpha a_{31} & \alpha a_{32} & \alpha a_{33} \\ a_{41} & a_{42} & a_{43} \end{bmatrix}$

(第 3 行を α 倍 $(\alpha \neq 0)$ する) ■

問 2.8 3×4 行列 A に 4 次の 3 つの基本行列 $P_{23}, Q_{23}(\alpha), R_3(\alpha)$ を右からかけると，A の列基本変形が得られることを示せ．

問 2.9 3 つの基本行列 $P_{ij}, Q_{ij}(\alpha), R_i(\alpha)$ $(\alpha \neq 0)$ は正則行列で，その逆行列もまた同じ型の次のような基本行列であることを示せ．

$$(P_{ij})^{-1} = P_{ij}, \quad Q_{ij}(\alpha)^{-1} = Q_{ij}(-\alpha), \quad R_i(\alpha)^{-1} = R_i(\alpha^{-1})$$

基本行列を用いると，p.42 の定理 2.1 は次のように表現できる．

> **定理 2.5**（基本行列による変形定理） A を $m \times n$ 行列 $(\neq O)$，P を適切な基本行列の積である m 次正則行列とする．
> (1) Q を P_{ij} 型の基本行列の積である n 次正則行列とすると，
> $$PAQ = \left[\begin{array}{c|c} E_r & C \\ \hline O & O \end{array}\right] \quad \text{(p.42 の (2.6))}$$
> (2) Q を適当な基本行列の積である n 次正則行列とすると，
> $$PAQ = \left[\begin{array}{c|c} E_r & O \\ \hline O & O \end{array}\right] \quad \text{(p.42 の (2.7))}$$

行列の基本変形を用いて，正則行列の逆行列を計算することができる．

> **定理 2.6**（正則性の判定） n 次正方行列 A に対して，次は同値である．
> (1) A は正則である． (2) $\text{rank}\, A = n$
> (3) A はいくつかの基本行列の積である．

[証明] (1) $\Rightarrow$ (2) の証明．$\text{rank}\, A = r$ とする．上記定理 2.5 より，適当な n 次正則行列 P, Q により標準形に移せば，$PAQ = \left[\begin{array}{c|c} E_r & O \\ \hline O & O \end{array}\right]$ となる．PAQ は正則だから $r = n$ でなければならない．

(2) $\Rightarrow$ (3) の証明．$\text{rank}\, A = n$ とすれば，上記定理 2.5 より適当な基本行列 $P_1, P_2, \cdots, P_k, Q_1, Q_2, \cdots, Q_l$ により $P_k \cdots P_2 P_1 A Q_1 Q_2 \cdots Q_l = E$ と標準形となる．これより，$A = P_1^{-1} P_2^{-1} \cdots P_k^{-1} Q_l^{-1} \cdots Q_2^{-1} Q_1^{-1}$ となる．基本行列の逆行列はまた基本行列であるから，(3) が成り立つ．

(3) $\Rightarrow$ (1) の証明．基本行列は正則行列であるから明らかである． ■

> **定理 2.7**（逆行列の計算） A を n 次正則行列とするとき，$n \times 2n$ 行列 $[\,A \mid E\,]$ は行基本変形のみを用いて，$[\,E \mid A^{-1}\,]$ の形に変形できる．

[証明] A^{-1} は正則行列であるから，上記定理 2.6 から適当な基本行列 $P_1, P_2, \cdots, P_k$ により $A^{-1} = P_k \cdots P_2 P_1$ と表すことができる．このとき，$P_k \cdots P_2 P_1 [\,A \mid E\,] = [\,P_k \cdots P_2 P_1 A \mid P_k \cdots P_2 P_1 E\,] = [\,E \mid A^{-1}\,]$． ■

2.3 基本行列, 逆行列の求め方

● **より理解を深めるために** ●

〈追記〉 行列 A が行基本変形で E に変形できないときは, A は正則でない.

例 2.8 次の行列が正則か否かを調べ, 正則ならば逆行列を求めよ.

$$\begin{bmatrix} 1 & 2 & -1 \\ -1 & -1 & 2 \\ 2 & -1 & 1 \end{bmatrix}$$

[解] 前ページの定理 2.7 を用いて次のように行う.

① n 次正方行列 A に対し, $n \times 2n$ 行列 $[\ A\ |\ E\ ]$ をつくる.
② $[\ A\ |\ E\ ]$ の左半分が E になるように, 行基本変形を行う.
③ このときの, 右半分が A の逆行列 A^{-1} である.

$$\begin{bmatrix} 1 & 2 & -1 & | & 1 & 0 & 0 \\ -1 & -1 & 2 & | & 0 & 1 & 0 \\ 2 & -1 & 1 & | & 0 & 0 & 1 \end{bmatrix} \underset{(1,1)}{\overset{\text{掃き出し}}{\Longrightarrow}} \begin{bmatrix} 1 & 2 & -1 & | & 1 & 0 & 0 \\ 0 & 1 & 1 & | & 1 & 1 & 0 \\ 0 & -5 & 3 & | & -2 & 0 & 1 \end{bmatrix}$$

$$\underset{(2,2)}{\overset{\text{掃き出し}}{\Longrightarrow}} \begin{bmatrix} 1 & 0 & -3 & | & -1 & -2 & 0 \\ 0 & 1 & 1 & | & 1 & 1 & 0 \\ 0 & 0 & 8 & | & 3 & 5 & 1 \end{bmatrix} \underset{3\text{行}\times\frac{1}{8}}{\Longrightarrow} \begin{bmatrix} 1 & 0 & -3 & | & -1 & -2 & 0 \\ 0 & 1 & 1 & | & 1 & 1 & 0 \\ 0 & 0 & 1 & | & \frac{3}{8} & \frac{5}{8} & \frac{1}{8} \end{bmatrix}$$

$$\underset{(3,3)}{\overset{\text{掃き出し}}{\Longrightarrow}} \begin{bmatrix} 1 & 0 & 0 & | & \frac{1}{8} & -\frac{1}{8} & \frac{3}{8} \\ 0 & 1 & 0 & | & \frac{5}{8} & \frac{3}{8} & -\frac{1}{8} \\ 0 & 0 & 1 & | & \frac{3}{8} & \frac{5}{8} & \frac{1}{8} \end{bmatrix} \quad \therefore\ A^{-1} = \begin{bmatrix} \frac{1}{8} & -\frac{1}{8} & \frac{3}{8} \\ \frac{5}{8} & \frac{3}{8} & -\frac{1}{8} \\ \frac{3}{8} & \frac{5}{8} & \frac{1}{8} \end{bmatrix} \quad \blacksquare$$

> **注意 2.2** 未知数の個数と方程式の個数が等しい連立 1 次方程式 $A\boldsymbol{x} = \boldsymbol{b}$ の係数行列 A が正則ならば, 解 $\boldsymbol{x}$ は $\boldsymbol{x} = A^{-1}\boldsymbol{b}$ で与えられる.

問 2.10 次の行列が正則か否かを調べ, 正則ならば逆行列を求めよ.

(1)* $\begin{bmatrix} 1 & -1 & -1 \\ -1 & 2 & 2 \\ 2 & 1 & 2 \end{bmatrix}$ (2) $\begin{bmatrix} 1 & 2 & 3 \\ 2 & 4 & 5 \\ 3 & 5 & 6 \end{bmatrix}$

---

* 「基本演習線形代数」(サイエンス社) p.34 の問題 2.13 の (4) を参照.

第 2 章 連立 1 次方程式

演 習 問 題

例題 2.1 ——————————————— 同次連立 1 次方程式 —

次の同次連立 1 次方程式を解け.

(1) $\begin{cases} 2x_1 - 3x_2 + x_3 = 0 \\ 3x_1 + 4x_2 - x_3 = 0 \\ 17x_2 - 5x_3 = 0 \end{cases}$ (2) $\begin{cases} x_1 - 6x_2 + 3x_3 = 0 \\ 2x_1 + 4x_2 - x_3 = 0 \\ 5x_1 + 2x_2 - 2x_3 = 0 \end{cases}$

[解答]

(1)

2	−3	1	0	
3	4	−1	0	
0	17	−5	0	
2	−3	1	0	②×2−①×3
0	17	−5	0	③−(②×2
0	0	0	0	−①×3)
1	$-\frac{3}{2}$	$\frac{1}{2}$	0	①×$\frac{1}{2}$
0	1	$-\frac{5}{17}$	0	②×$\frac{1}{17}$
0	0	0	0	
1	0	$\frac{1}{17}$	0	掃き出し
0	1	$-\frac{5}{17}$	0	(2,2)
0	0	0	0	

($\operatorname{rank} A = 2 < 3$).

(答) $x_1 = -\frac{\alpha}{17}, \; x_2 = \frac{5}{17}\alpha,$
$x_3 = \alpha.$ (αは任意)

(2)

1	−6	3	0	
2	4	−1	0	
5	2	−2	0	
1	−6	3	0	掃き出し
0	16	−7	0	(1,1)
0	32	−17	0	
1	0	$\frac{6}{16}$	0	(③−②×2)×($-\frac{1}{3}$)
0	1	$-\frac{7}{16}$	0	①+②×$\frac{6}{16}$
0	0	1	0	②×$\frac{1}{16}$
1	0	0	0	掃き出し
0	1	0	0	(3,3)
0	0	1	0	

($\operatorname{rank} A = 3$)

(答) $x_1 = x_2 = x_3 = 0$

(解答は章末の p.60 以降に掲載されています.)

演習 2.1 次の同次連立 1 次方程式を解け.

(1) $\begin{cases} x_1 + x_2 + x_3 = 0 \\ 4x_1 + x_2 + 2x_3 = 0 \\ 3x_1 - 3x_2 - x_3 = 0 \end{cases}$ (2) $\begin{cases} -x_1 + 2x_2 + x_3 = 0 \\ 3x_1 - x_2 + 2x_3 = 0 \\ 3x_1 - 4x_2 - x_3 = 0 \end{cases}$

演 習 問 題

── 例題 2.2 ──────────────── 逆行列の連立方程式への応用 ─

次の連立 1 次方程式を A の逆行列 A^{-1} を求めて解け.
$$A\boldsymbol{x} = \boldsymbol{b}, \quad A = \begin{bmatrix} 1 & 2 & 0 \\ 2 & 4 & 2 \\ 5 & 7 & 3 \end{bmatrix}, \quad \boldsymbol{x} = \begin{bmatrix} x \\ y \\ z \end{bmatrix}, \quad \boldsymbol{b} = \begin{bmatrix} -5 \\ -4 \\ -10 \end{bmatrix}$$

[解答] $\begin{bmatrix} 1 & 2 & 0 & | & 1 & 0 & 0 \\ 2 & 4 & 2 & | & 0 & 1 & 0 \\ 5 & 7 & 3 & | & 0 & 0 & 1 \end{bmatrix} \underset{(1,1)}{\overset{\Longrightarrow}{\text{掃き出し}}} \begin{bmatrix} 1 & 2 & 0 & | & 1 & 0 & 0 \\ 0 & 0 & 2 & | & -2 & 1 & 0 \\ 0 & -3 & 3 & | & -5 & 0 & 1 \end{bmatrix}$

$\underset{3\text{行}\times(-\frac{1}{3})}{\Longrightarrow} \begin{bmatrix} 1 & 2 & 0 & | & 1 & 0 & 0 \\ 0 & 0 & 2 & | & -2 & 1 & 0 \\ 0 & 1 & -1 & | & \frac{5}{3} & 0 & -\frac{1}{3} \end{bmatrix} \underset{2\text{行} \rightleftarrows 3\text{行}}{\Longrightarrow} \begin{bmatrix} 1 & 2 & 0 & | & 1 & 0 & 0 \\ 0 & 1 & -1 & | & \frac{5}{3} & 0 & -\frac{1}{3} \\ 0 & 0 & 2 & | & -2 & 1 & 0 \end{bmatrix}$

$\underset{\substack{\text{掃き出し}(2,2) \\ 3\text{行}\times\frac{1}{2}}}{\Longrightarrow} \begin{bmatrix} 1 & 0 & 2 & | & -\frac{7}{3} & 0 & \frac{2}{3} \\ 0 & 1 & -1 & | & \frac{5}{3} & 0 & -\frac{1}{3} \\ 0 & 0 & 1 & | & -1 & \frac{1}{2} & 0 \end{bmatrix}$

$\underset{\substack{\text{掃き出し} \\ (3,3)}}{\Longrightarrow} \begin{bmatrix} 1 & 0 & 0 & | & -\frac{1}{3} & -1 & \frac{2}{3} \\ 0 & 1 & 0 & | & \frac{2}{3} & \frac{1}{2} & -\frac{1}{3} \\ 0 & 0 & 1 & | & -1 & \frac{1}{2} & 0 \end{bmatrix} \quad \therefore A^{-1} = \begin{bmatrix} -\frac{1}{3} & -1 & \frac{2}{3} \\ \frac{2}{3} & \frac{1}{2} & -\frac{1}{3} \\ -1 & \frac{1}{2} & 0 \end{bmatrix}$

次に, $A\boldsymbol{x} = \boldsymbol{b}$ の両辺に A^{-1} を左からかけると, $\boldsymbol{x} = A^{-1}\boldsymbol{b}$ となる (⇨ p.53 注意 2.2). ゆえに,

$$\boldsymbol{x} = \begin{bmatrix} x \\ y \\ z \end{bmatrix} = \begin{bmatrix} -\frac{1}{3} & -1 & \frac{2}{3} \\ \frac{2}{3} & \frac{1}{2} & -\frac{1}{3} \\ -1 & \frac{1}{2} & 0 \end{bmatrix} \begin{bmatrix} -5 \\ -4 \\ -10 \end{bmatrix} = \begin{bmatrix} -1 \\ -2 \\ 3 \end{bmatrix} \quad \therefore \begin{cases} x = -1 \\ y = -2 \\ z = 3 \end{cases}$$

演習 2.2 次の連立 1 次方程式を例題 2.2 の方法で解け.

(1) $\begin{cases} x - 3y + 5z = 2 \\ x - 2y + 3z = 2 \\ -3x + 5y - 6z = -5 \end{cases}$ (2) $\begin{cases} -2x_2 + x_3 = -1 \\ 3x_1 - x_2 - 2x_3 = 5 \\ -2x_1 + x_2 + x_3 = -3 \end{cases}$

研究 一般解と基本解

同次連立 1 次方程式 連立 1 次方程式 $Ax = b$ において，特に右辺ベクトル b が 0 の場合，すなわち，方程式
$$Ax = 0 \qquad \cdots ①$$
を**同次連立 1 次方程式**という．明らかに $x = 0$ はこの同次連立 1 次方程式の解である．この解を①の**自明な解**という．

p.48 の定理 2.3 より次が成り立つ．

定理 2.8 (同次連立 1 次方程式の解) （⇨ p.54 の例題 2.1）
未知数が n 個の同次連立 1 次方程式 $Ax = 0$ において，
(1) $Ax = 0$ が自明な解 $x = 0$ をもつための必要十分条件は $\operatorname{rank} A = n$．
(2) $Ax = 0$ が無数の解をもつための条件は $\operatorname{rank} A < n$．

一般解と基本解 未知数 n 個の同次連立 1 次方程式 $Ax = 0$ の解の自由度 (⇨ p.48) を $s(= n - \operatorname{rank} A)$ とおくとき，その解は s 個の任意定数 $c_1, c_2, \cdots, c_s$ を用いて，
$$x = c_1 x_1 + c_2 x_2 + \cdots + c_s x_s$$
と表せる．これを $Ax = 0$ の**一般解**という．また $x_1, x_2, \cdots, x_s$ を**基本解**という．基本解のもつ重要な性質は次の 3 点である．

(1) $\lambda_1 x_1 + \lambda_2 x_2 + \cdots + \lambda_s x_s = 0$ ならば $\lambda_1 = \lambda_2 = \cdots = \lambda_s = 0$ である．
(2) $Ax = 0$ の任意の解 x は，適当な $c_1, c_2, \cdots, c_s$ を選んで
$$x = c_1 x_1 + c_2 x_2 + \cdots + c_s x_s$$
と表される．
(3) $Ax = 0$ の基本解の個数は解の自由度に等しい．

定理 2.9 連立 1 次方程式 $Ax = b$ は解をもつものとし，その 1 つの解を x_1 とする．このとき，$Ax = b$ の任意の解は，$Ax = 0$ の解と x_1 との和で表される．

[証明] $Ax_0 = 0$ とする．$x = x_0 + x_1$ とすれば，
$$Ax = A(x_0 + x_1) = Ax_0 + Ax_1 = 0 + b = b$$
逆に，x を $Ax = b$ の解とする．$x_0 = x - x_1$ とおけば，
$$Ax_0 = A(x - x_1) = Ax - Ax_1 = b - b = 0. \qquad \blacksquare$$

問の解答（第2章）

問 2.1 (1) 係数行列 $\begin{bmatrix} 3 & 2 & -4 \end{bmatrix}$，拡大係数行列 $\left[\begin{array}{ccc|c} 3 & 2 & -4 & 13 \end{array}\right]$

(2) 係数行列 $\begin{bmatrix} 1 & 3 \\ -2 & -5 \\ 3 & 8 \end{bmatrix}$，拡大係数行列 $\left[\begin{array}{cc|c} 1 & 3 & 3 \\ -2 & -5 & -4 \\ 3 & 8 & 0 \end{array}\right]$

問 2.2 拡大係数行列を用いる．①，②，③は p.41 の例 2.2 のように 1 つ上の行列の第 1 行，第 2 行，第 3 行を表す．

(1)
$$\left[\begin{array}{ccc|c} 2 & -3 & 5 & -3 \\ 1 & 1 & -1 & 0 \\ -3 & -6 & 2 & -7 \end{array}\right]$$

$$\left[\begin{array}{ccc|c} 1 & 1 & -1 & 0 \\ 2 & -3 & 5 & -3 \\ -3 & -6 & 2 & -7 \end{array}\right] \quad \text{①と②を入れかえる}$$

$$\left[\begin{array}{ccc|c} 1 & 1 & -1 & 0 \\ 0 & -5 & 7 & -3 \\ 0 & -3 & -1 & -7 \end{array}\right] \quad \begin{array}{l} ②+①\times(-2) \\ ③+①\times 3 \end{array}$$

$$\left[\begin{array}{ccc|c} 1 & 1 & -1 & 0 \\ 0 & 1 & -\frac{7}{5} & \frac{3}{5} \\ 0 & 1 & \frac{1}{3} & \frac{7}{3} \end{array}\right] \quad \begin{array}{l} ②\times(-\frac{1}{5}) \\ ③\times(-\frac{1}{3}) \end{array}$$

$$\left[\begin{array}{ccc|c} 1 & 0 & \frac{2}{5} & -\frac{3}{5} \\ 0 & 1 & -\frac{7}{5} & \frac{3}{5} \\ 0 & 0 & \frac{26}{15} & \frac{26}{15} \end{array}\right] \quad \begin{array}{l} ①-② \\ ③-② \end{array}$$

$$\left[\begin{array}{ccc|c} 1 & 0 & 0 & -1 \\ 0 & 1 & 0 & 2 \\ 0 & 0 & 1 & 1 \end{array}\right] \quad \begin{array}{l} ①-③\times\frac{3}{13} \\ ②+③\times\frac{21}{26} \end{array}$$

$$\therefore \begin{cases} x_1 = -1 \\ x_2 = 2 \\ x_3 = 1 \end{cases}$$

(2)
$$\left[\begin{array}{ccc|c} 1 & -1 & 2 & 4 \\ 1 & 1 & 1 & 1 \\ 3 & 1 & 4 & 6 \end{array}\right]$$

$$\left[\begin{array}{ccc|c} 1 & -1 & 2 & 4 \\ 0 & 2 & -1 & -3 \\ 0 & 4 & -2 & -6 \end{array}\right] \quad \begin{array}{l} ②-① \\ ③-①\times 3 \end{array}$$

$$\left[\begin{array}{ccc|c} 1 & -1 & 2 & 4 \\ 0 & 2 & -1 & -3 \\ 0 & 0 & 0 & 0 \end{array}\right] \quad ③\times\frac{1}{2}-②$$

$$\left[\begin{array}{ccc|c} 1 & -1 & 2 & 4 \\ 0 & 1 & -\frac{1}{2} & -\frac{3}{2} \\ 0 & 0 & 0 & 0 \end{array}\right] \quad ②\times\frac{1}{2}$$

$$\left[\begin{array}{ccc|c} 1 & 0 & \frac{3}{2} & \frac{5}{2} \\ 0 & 1 & -\frac{1}{2} & -\frac{3}{2} \\ 0 & 0 & 0 & 0 \end{array}\right] \quad ①+②$$

$z = \alpha$ を任意に与える．

$$\therefore \begin{cases} x = \frac{5}{2} - \frac{3}{2}\alpha \\ y = -\frac{3}{2} + \frac{\alpha}{2} \\ z = \alpha \quad (\alpha : 任意) \end{cases}$$

問 2.3 (1) $\begin{cases} x_1 = 1 \\ x_2 = \frac{1}{2} \\ x_3 = \frac{1}{2} \end{cases}$ (2) 解なし

(3) $\begin{cases} x_1 = 2 - \alpha \\ x_2 = -1 \\ x_3 = \alpha \quad (\text{任意}) \end{cases}$ (4) $\begin{cases} x_1 = 2 \\ x_2 = -1 \\ x_3 = 1 \end{cases}$

問 2.4 (1) $\left[\begin{array}{cc|cc} 1 & 0 & -2 & 1 \\ 0 & 1 & 3 & 1 \\ 0 & 0 & 0 & 0 \end{array}\right]$ (2) $\left[\begin{array}{ccc|c} 1 & 0 & 0 & 0 \\ 0 & 1 & 0 & -4 \\ 0 & 0 & 1 & 1 \end{array}\right]$

　　　　　　　階数は 2　　　　　　　階数は 3

問 2.5 $a = -3$ のとき階数は 2, $a \neq -3$ のとき階数は 3.

問 2.6 (1) $\begin{cases} x_1 = -1 \\ x_2 = 2 \\ x_3 = 1 \end{cases}$

問 2.7 $\begin{cases} x_1 = 1 - 7\alpha_1 + 10\alpha_2 - 9\alpha_3 \\ x_2 = -11\alpha_1 + 16\alpha_2 - 13\alpha_3 \\ x_3 = \alpha_1 \\ x_4 = \alpha_2 \\ x_5 = \alpha_3 \quad (\alpha_1, \alpha_2, \alpha_3 は任意) \end{cases}$

問 2.8 $A = \begin{bmatrix} a_{11} & a_{12} & a_{13} & a_{14} \\ a_{21} & a_{22} & a_{23} & a_{24} \\ a_{31} & a_{32} & a_{33} & a_{34} \end{bmatrix}$

$P_{23} = \begin{bmatrix} 1 & 0 & 0 & 0 \\ 0 & 0 & 1 & 0 \\ 0 & 1 & 0 & 0 \\ 0 & 0 & 0 & 1 \end{bmatrix}, \quad AP_{23} = \begin{bmatrix} a_{11} & a_{13} & a_{12} & a_{14} \\ a_{21} & a_{23} & a_{22} & a_{24} \\ a_{31} & a_{33} & a_{32} & a_{34} \end{bmatrix},$

(第 2 列と第 3 列を入れかえる)

$Q_{23}(\alpha) = \begin{bmatrix} 1 & 0 & 0 & 0 \\ 0 & 1 & \alpha & 0 \\ 0 & 0 & 1 & 0 \\ 0 & 0 & 0 & 1 \end{bmatrix}, \quad AQ_{23}(\alpha) = \begin{bmatrix} a_{11} & a_{12} & a_{13} + \alpha a_{12} & a_{14} \\ a_{21} & a_{22} & a_{23} + \alpha a_{22} & a_{24} \\ a_{31} & a_{32} & a_{33} + \alpha a_{32} & a_{34} \end{bmatrix}$

(第 3 列に第 2 列の α 倍を加える)

$$R_3(\alpha) = \begin{bmatrix} 1 & 0 & 0 & 0 \\ 0 & 1 & 0 & 0 \\ 0 & 0 & \alpha & 0 \\ 0 & 0 & 0 & 1 \end{bmatrix}, \quad AR_3(\alpha) = \begin{bmatrix} a_{11} & a_{12} & \alpha a_{13} & a_{14} \\ a_{21} & a_{22} & \alpha a_{23} & a_{24} \\ a_{31} & a_{32} & \alpha a_{33} & a_{34} \end{bmatrix}$$

(第 3 列を α 倍する)

問 2.9 基本行列の定義から,

$$R_i(1/\alpha)R_i(\alpha) = E, \quad Q_{ij}(-\alpha)Q_{ij}(\alpha) = E, \quad P_{ij}P_{ij} = E$$

また, 第 1 式の α を $1/\alpha$ で, 第 2 式の α を $-\alpha$ でおきかえると,

$$R_i(\alpha)R_i(1/\alpha) = E, \quad Q_{ij}(\alpha)Q_{ij}(-\alpha) = E$$

が成り立つ. 以上をまとめて,

$$R_i(\alpha)^{-1} = R_i(1/\alpha), \quad Q_{ij}(\alpha)^{-1} = Q_{ij}(-\alpha), \quad P_{ij}^{-1} = P_{ij}$$

となる. ゆえに基本行列は正則行列で, その逆行列も同じ型の基本行列である.

問 2.10 縦に書く方法で計算する. p.52 の定理 2.7 を用いる.

(1)

1	−1	−1	1	0	0	
−1	2	2	0	1	0	
2	1	2	0	0	1	
1	−1	−1	1	0	0	掃き出し
0	1	1	1	1	0	(1,1)
0	3	4	−2	0	1	
1	0	0	2	1	0	掃き出し
0	1	1	1	1	0	(2,2)
0	0	1	−5	−3	1	
1	0	0	2	1	0	掃き出し
0	1	0	6	4	−1	(3,3)
0	0	1	−5	−3	1	

(2)

1	2	3	1	0	0	
2	4	5	0	1	0	
3	5	6	0	0	1	
1	2	3	1	0	0	掃き出し
0	0	−1	−2	1	0	(1,1)
0	−1	−3	−3	0	1	
1	2	3	1	0	0	② × (−1)
0	1	3	3	0	−1	⇄
0	0	1	2	−1	0	③ × (−1)
1	0	−3	−5	0	2	掃き出し
0	1	3	3	0	−1	(2,2)
0	0	1	2	−1	0	
1	0	0	1	−3	2	掃き出し
0	1	0	−3	3	−1	(3,3)
0	0	1	2	−1	0	

(答) (1) の逆行列 $\begin{bmatrix} 2 & 1 & 0 \\ 6 & 4 & -1 \\ -5 & -3 & 1 \end{bmatrix}$. (2) の逆行列 $\begin{bmatrix} 1 & -3 & 2 \\ -3 & 3 & -1 \\ 2 & -1 & 0 \end{bmatrix}$.

演習問題解答（第 2 章）

演習 2.1 下の表の右側の①，②，③はすぐ上の行列の第 1 行，第 2 行，第 3 行を示す．

(1)

1	1	1	0
4	1	2	0
3	−3	−1	0
1	1	1	0 掃き出し (1,1)
0	−3	−2	0
0	−6	−4	0
1	1	1	0
0	−3	−2	0
0	0	0	0 ③ − ② × 2
1	1	1	0
0	1	$\frac{2}{3}$	0 ② × $(-\frac{1}{3})$
0	0	0	0
1	0	$\frac{1}{3}$	0 ① − ②
0	1	$\frac{2}{3}$	0
0	0	0	0

rank $A = 2 < 3$

$x_3 = \alpha \,(\neq 0)$ を任意に与えると，

$$\begin{cases} x_1 = -\frac{1}{3}\alpha \\ x_2 = -\frac{2}{3}\alpha \\ x_3 = \alpha \end{cases}$$

(2)

−1	2	1	0
3	−1	2	0
3	−4	−1	0
1	−2	−1	0 ① × (−1)
3	−1	2	0
3	−4	−1	0
1	−2	−1	0 掃き出し (1,1)
0	5	5	0
0	2	2	0
1	−2	−1	0
0	1	1	0 ② × $\frac{1}{5}$
0	1	1	0 ③ × $\frac{1}{2}$
1	0	1	0 ① + ② × 2
0	1	1	0
0	0	0	0 ③ − ②

rank $A = 2 < 3$

$x_3 = \alpha \,(\neq 0)$ を任意に与えると，

$$\begin{cases} x_1 = -\alpha \\ x_2 = -\alpha \\ x_3 = \alpha \end{cases}$$

演習 2.2

(1)

1	−3	5	1	0	0	
1	−2	3	0	1	0	
−3	5	−6	0	0	1	
1	−3	5	1	0	0	掃き出し $(1,1)$
0	1	−2	−1	1	0	
0	−4	9	3	0	1	
1	0	−1	−2	3	0	
0	1	−2	−1	1	0	掃き出し $(2,2)$
0	0	1	−1	4	1	
1	0	0	−3	7	1	
0	1	0	−3	9	2	
0	0	1	−1	4	1	掃き出し $(3,3)$

$$\therefore \quad A^{-1} = \begin{bmatrix} -3 & 7 & 1 \\ -3 & 9 & 2 \\ -1 & 4 & 1 \end{bmatrix},$$

$$\therefore \quad \boldsymbol{x} = \begin{bmatrix} x \\ y \\ z \end{bmatrix} = \begin{bmatrix} -3 & 7 & 1 \\ -3 & 9 & 2 \\ -1 & 4 & 1 \end{bmatrix} \begin{bmatrix} 2 \\ 2 \\ -5 \end{bmatrix} = \begin{bmatrix} 3 \\ 2 \\ 1 \end{bmatrix}$$

$$\therefore \quad \begin{cases} x = 3 \\ y = 2 \\ z = 1 \end{cases}$$

(2)

0	−2	1	1	0	0	
3	−1	−2	0	1	0	
−2	1	1	0	0	1	
3	−1	−2	0	1	0	①と②を入れかえる
0	−2	1	1	0	0	
−2	1	1	0	0	1	

(次ページへつづく．)

$$
\begin{array}{ccc|ccc}
1 & 0 & -1 & 0 & 1 & 1 \\
0 & -2 & 1 & 1 & 0 & 0 \\
-2 & 1 & 1 & 0 & 0 & 1
\end{array} \quad \text{①}+\text{③}
$$

$$
\begin{array}{ccc|ccc}
1 & 0 & -1 & 0 & 1 & 1 \\
0 & -2 & 1 & 1 & 0 & 0 \\
0 & 1 & -1 & 0 & 2 & 3
\end{array} \quad \text{掃き出し}(1,1)
$$

$$
\begin{array}{ccc|ccc}
1 & 0 & -1 & 0 & 1 & 1 \\
0 & 1 & -1 & 0 & 2 & 3 \\
0 & -2 & 1 & 1 & 0 & 0
\end{array} \quad \text{②と③を入れかえる}
$$

$$
\begin{array}{ccc|ccc}
1 & 0 & -1 & 0 & 1 & 1 \\
0 & 1 & -1 & 0 & 2 & 3 \\
0 & 0 & -1 & 1 & 4 & 6
\end{array} \quad \text{掃き出し}(2,2)
$$

$$
\begin{array}{ccc|ccc}
1 & 0 & -1 & 0 & 1 & 1 \\
0 & 1 & -1 & 0 & 2 & 3 \\
0 & 0 & 1 & -1 & -4 & -6
\end{array} \quad \text{③}\times(-1)
$$

$$
\begin{array}{ccc|ccc}
1 & 0 & 0 & -1 & -3 & -5 \\
0 & 1 & 0 & -1 & -2 & -3 \\
0 & 0 & 1 & -1 & -4 & -6
\end{array} \quad \text{掃き出し}(3,3)
$$

$$
\therefore \quad A^{-1} = \begin{bmatrix} -1 & -3 & -5 \\ -1 & -2 & -3 \\ -1 & -4 & -6 \end{bmatrix}
$$

$$
\therefore \quad \boldsymbol{x} = \begin{bmatrix} x_1 \\ x_2 \\ x_3 \end{bmatrix} = \begin{bmatrix} -1 & -3 & -5 \\ -1 & -2 & -3 \\ -1 & -4 & -6 \end{bmatrix} \begin{bmatrix} -1 \\ 5 \\ -3 \end{bmatrix} = \begin{bmatrix} 1 \\ 0 \\ -1 \end{bmatrix}
$$

$$
\therefore \quad \begin{cases} x_1 = 1 \\ x_2 = 0 \\ x_3 = -1 \end{cases}
$$

第 3 章

行 列 式

本章の目的 前章では拡大係数行列に基本変形を行うことによって,連立 1 次方程式を解き,さらに逆行列を求めた.

本章では,これらの問題を公式的に解決するために,正方行列 A に対する行列式 $|A|$ を考える.まず行列式を定義し,行列式の基本的な性質を学習する.ついで,行列式を余因子により展開することで,逆行列の具体的な表示や,連立 1 次方程式の解を求めるクラメールの公式を導く.

本章の内容

3.1 行列式の定義
3.2 行列式の性質
3.3 余因子展開,逆行列と
  連立 1 次方程式への応用
研究 ブロック分割と行列式
  について

3.1 行列式の定義

順列　1からnまでの自然数を横1列に並べたものを長さnの**順列**という（⇨例 3.1）．

転倒数　順列$(1, 2, \cdots, n)$は，数字は左から小さい順に並んでいるので，その中の2つの数字を取り出すと必ず右の数字の方が大きい．

さて，一般に長さnの順列$(p_1, p_2, \cdots, p_n)$において，その中の2つの数字をとり出したとき，左の数字の方が大きくなっていたら，その2つの数字のペアは**転倒している**という．すなわち，$i < j$であるのに$p_i > p_j$となっているとき，p_iとp_jは転倒しているという．順列$(p_1, p_2, \cdots, p_n)$の中にある転倒しているペアの総数を，その順列の**転倒数**という（⇨例 3.2, 注意 3.2）．この転倒数により，順列の符号を次のように定める．

> **順列の符号**　$\varepsilon(p_1, p_2, \cdots, p_n) = \begin{cases} 1 & : (p_1, p_2, \cdots, p_n) \text{の転倒数が偶数} \\ -1 & : (p_1, p_2, \cdots, p_n) \text{の転倒数が奇数} \end{cases}$

以上の準備のもとに行列式を定義しよう．

> **行列式の定義**　n次正方行列$A = [a_{ij}]$に対して定まる1つの数
> $$\sum \varepsilon(p_1, p_2, \cdots, p_n) a_{1p_1} a_{2p_2} \cdots a_{np_n}$$
> をAの**行列式**という．ここで，$\sum$は長さnの順列のすべての和である．Aの行列式を$|A|$, $\det A$ または次のように表す．
>
> $$\begin{vmatrix} a_{11} & a_{12} & \cdots & a_{1n} \\ a_{21} & a_{22} & \cdots & a_{2n} \\ \vdots & \vdots & \ddots & \vdots \\ a_{n1} & a_{n2} & \cdots & a_{nn} \end{vmatrix}$$

注意 3.1　(1) 行列式の記号$|\ \ |$は絶対値ではないので混同しないこと．つまり，行列式の値は負になることもある．

(2) 行列式は英語で determinant と書く．$\det A$ はこれからきている．

(3) 行列は数が配置されたものであり，行列式は数であるから，行列と行列式は全く異なるものである．

3.1 行列式の定義

● **より理解を深めるために** ●

例 3.1 長さ 2 の順列は $(1,2), (2,1)$ の 2 個，長さ 3 の順列は $(1,2,3), (1,3,2),$ $(2,1,3), (2,3,1), (3,1,2), (3,2,1)$ の 6 個である． □

例 3.2 $(1,2,\cdots,n)$ の転倒数は 0．$(3,1,2)$ では 3 と 1 が転倒しており，3 と 2 も転倒しているから転倒数は 2 である． □

注意 3.2 順列 $(p_1, p_2, \cdots, p_n)$ の転倒数の求め方　まず一番左にある p_1 に着目し，それより右にある数字のうち，p_1 より小さいものの個数を調べる．次に p_2 に着目し，それより右にある数字のうち，p_2 より小さいものの個数を調べる．この操作を続けていって，最後にこれらの総和が転倒数である．

例 3.3　2 次の行列式　長さ 2 の順列の転倒数と符号を求める．

$(1,2)$ の転倒数は 0 で，$\varepsilon(1,2) = 1$

$(2,1)$ の転倒数は 1 で，$\varepsilon(2,1) = -1$

$\therefore \begin{vmatrix} a_{11} & a_{12} \\ a_{21} & a_{22} \end{vmatrix} = \varepsilon(1,2)a_{11}a_{22} + \varepsilon(2,1)a_{12}a_{21}$
$= 1 \cdot a_{11}a_{22} + (-1)a_{12}a_{21}$
$= a_{11}a_{22} - a_{12}a_{21}$ □

図 3.1　2 次の行列式

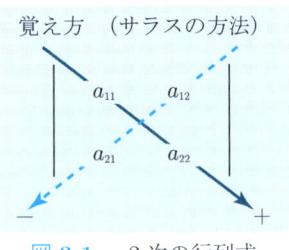

例 3.4　3 次の行列式　長さ 3 の順列の転倒数と符号を求める．

$(1,2,3)$ の転倒数 0 で $\varepsilon = 1$,　　$(1,3,2)$ の転倒数 1 で $\varepsilon = -1$

$(3,1,2)$ の転倒数 2 で $\varepsilon = 1$,　　$(2,1,3)$ の転倒数 1 で $\varepsilon = -1$

$(2,3,1)$ の転倒数 2 で $\varepsilon = 1$,　　$(3,2,1)$ の転倒数 3 で $\varepsilon = -1$

よって，p.64 の行列式の定義より，

$\begin{vmatrix} a_{11} & a_{12} & a_{13} \\ a_{21} & a_{22} & a_{23} \\ a_{31} & a_{32} & a_{33} \end{vmatrix} = a_{11}a_{22}a_{33} + a_{13}a_{21}a_{32}$
$+ a_{12}a_{23}a_{31} - a_{11}a_{23}a_{32}$
$- a_{12}a_{21}a_{33} - a_{13}a_{22}a_{31}$ □

注意 3.3　2 次と 3 次の行列式は**サラスの方法**（図 3.1, 図 3.2）で求められるが，4 次以上の行列式はサラスの方法では求められない．

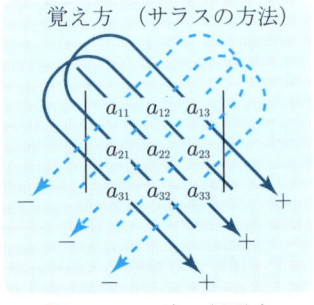

図 3.2　3 次の行列式

2次と3次の行列式 一般の n 次行列式を学ぶ前に，2次や3次の行列式について考え，行列式の具体的なイメージをつかもう．

2次の行列式 p.24 の定理 1.3 で $A = \begin{bmatrix} a_{11} & a_{12} \\ a_{21} & a_{22} \end{bmatrix}$ が逆行列をもつための必要十分条件は $a_{11}a_{22} - a_{12}a_{21} \neq 0$ が成立することであった．この条件は，2次の行列式を用いて $|A| \neq 0$ と表すことができる．

3次の行列式 3次行列式の基本性質をサラスの方法を用いて示そう．

I 行列式のある行を k 倍すると，行列式の値も k 倍になる．

$$\begin{vmatrix} ka_{11} & ka_{12} & ka_{13} \\ a_{21} & a_{22} & a_{23} \\ a_{31} & a_{32} & a_{33} \end{vmatrix} = \begin{matrix} (ka_{11})a_{22}a_{33} + (ka_{12})a_{23}a_{31} \\ + (ka_{13})a_{21}a_{32} - k(a_{11})a_{32}a_{23} \\ - (ka_{12})a_{21}a_{33} - k(a_{13})a_{22}a_{31} \end{matrix}$$

$$= k(a_{11}a_{22}a_{33} + a_{12}a_{23}a_{31} + a_{13}a_{21}a_{32} - a_{11}a_{32}a_{23} - a_{12}a_{21}a_{33} - a_{13}a_{22}a_{31})$$

$$= k \begin{vmatrix} a_{11} & a_{12} & a_{13} \\ a_{21} & a_{22} & a_{23} \\ a_{31} & a_{32} & a_{33} \end{vmatrix}$$

II 行列式は1つの行について加法性をもつ．

$$\begin{vmatrix} a_{11} + a_{11}' & a_{12} + a_{12}' & a_{13} + a_{13}' \\ a_{21} & a_{22} & a_{23} \\ a_{31} & a_{32} & a_{33} \end{vmatrix}$$

$$= (a_{11} + a_{11}')a_{22}a_{33} + (a_{12} + a_{12}')a_{23} \cdot a_{31} + (a_{13} + a_{13}')a_{32}a_{21}$$
$$- (a_{11} + a_{11}')a_{32}a_{23} - (a_{12} + a_{12}')a_{21}a_{33} - (a_{13} + a_{13}')a_{22}a_{31}$$

$$= \begin{vmatrix} a_{11} & a_{12} & a_{13} \\ a_{21} & a_{22} & a_{23} \\ a_{31} & a_{32} & a_{33} \end{vmatrix} + \begin{vmatrix} a_{11}' & a_{12}' & a_{13}' \\ a_{21} & a_{22} & a_{23} \\ a_{31} & a_{32} & a_{33} \end{vmatrix}$$

III 行列式の2つの行を入れかえると，行列式の値は符号がかわる．

$$\begin{vmatrix} a_{11} & a_{12} & a_{13} \\ a_{31} & a_{32} & a_{33} \\ a_{21} & a_{22} & a_{23} \end{vmatrix} = \begin{matrix} a_{11}a_{32}a_{23} + a_{12}a_{33}a_{21} + a_{13}a_{31}a_{22} \\ - a_{11}a_{22}a_{33} - a_{12}a_{31}a_{23} - a_{13}a_{32}a_{21} \end{matrix}$$

$$= - \begin{vmatrix} a_{11} & a_{12} & a_{13} \\ a_{21} & a_{22} & a_{23} \\ a_{31} & a_{32} & a_{33} \end{vmatrix}$$

（交換）

3.1 行列式の定義

● **より理解を深めるために** ●

例 3.5 三角形 OAB の面積を行列式を用いて表せ．ただし $a_1 > b_1, b_2 > a_2$ とする．

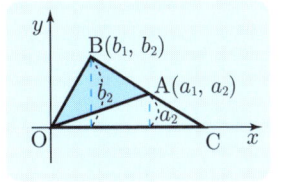

[解] 図 3.3 のような場合，AB を通る直線の方程式は，$y - b_2 = \dfrac{a_2 - b_2}{a_1 - b_1}(x - b_1)$ だから，この直線と x 軸との交点を C とすると，

$$\text{OC} = \dfrac{a_2 b_1 - a_1 b_2}{a_2 - b_2}.$$

図 3.3 の場合には，$\triangle \text{AOB} = \triangle \text{BOC} - \triangle \text{AOC}$ であるから，

$$\triangle \text{AOB} = \dfrac{1}{2}\left\{\dfrac{a_2 b_1 - a_1 b_2}{a_2 - b_2} \times b_2 - \dfrac{a_2 b_1 - a_1 b_2}{a_2 - b_2} \times a_2\right\} = \dfrac{1}{2}(a_1 b_2 - a_2 b_1)$$

$$= \dfrac{1}{2}\begin{vmatrix} a_1 & a_2 \\ b_1 & b_2 \end{vmatrix}$$

例 3.6 次を満たす x を求めよ．

(1) $\begin{vmatrix} 1-x & 2 \\ 4 & 3-x \end{vmatrix} = 0$ 　(2) $\begin{vmatrix} 1-x & 0 & -1 \\ 1 & 2-x & 1 \\ 2 & 2 & 3-x \end{vmatrix} = 0$

[解] (1) $\begin{vmatrix} 1-x & 2 \\ 4 & 3-x \end{vmatrix} = (1-x)(3-x) - 8 = 0 \quad \therefore \quad x = -1, 5$

(2) $\begin{vmatrix} 1-x & 0 & -1 \\ 1 & 2-x & 1 \\ 2 & 2 & 3-x \end{vmatrix}$

$= (1-x)(2-x)(3-x) - 2 + 2(2-x) - 2(1-x)$

$= 0 \quad \therefore \quad x = 1, 2, 3$

(解答は章末の p.92 以降に掲載されています．)

問 3.1 サラスの方法を用いて次の行列式の値を求めよ．

(1) $\begin{vmatrix} \cos\theta & -\sin\theta \\ \sin\theta & \cos\theta \end{vmatrix}$ 　(2) $\begin{vmatrix} a & b & c \\ b & c & a \\ c & a & b \end{vmatrix}$ 　(3) $\begin{vmatrix} 0 & f & g \\ -f & 0 & h \\ -g & -h & 0 \end{vmatrix}$

IV 2つの行が等しい行列式の値は 0 である．

例えば右の行列式のように，第 1 行と第 2 行が等しいとき，第 1 行と第 2 行を入れかえても，同じ $|A|$ である．一方 p.66 の **III** より $|A| = -|A|$.

$$|A| = \begin{vmatrix} a_{11} & a_{12} & a_{13} \\ a_{11} & a_{12} & a_{13} \\ a_{31} & a_{32} & a_{33} \end{vmatrix} \left.\begin{matrix} \leftarrow \\ \leftarrow \end{matrix}\right\} 等しい$$

$\therefore \quad 2|A| = 0 \quad \therefore \quad |A| = 0.$

V 行列式の 1 つの行に，他の行のある数をかけたものを加えても，行列式の値はかわらない（行に関する掃き出し不変性）．

$$\begin{vmatrix} a_{11} + ka_{21} & a_{12} + ka_{22} & a_{13} + ka_{23} \\ a_{21} & a_{22} & a_{23} \\ a_{31} & a_{32} & a_{33} \end{vmatrix}$$

$$\underset{\text{p.66 の II，I}}{=} \begin{vmatrix} a_{11} & a_{12} & a_{13} \\ a_{21} & a_{22} & a_{23} \\ a_{31} & a_{32} & a_{33} \end{vmatrix} + k \begin{vmatrix} a_{21} & a_{22} & a_{23} \\ a_{21} & a_{22} & a_{23} \\ a_{31} & a_{32} & a_{33} \end{vmatrix} \underset{\text{p.68 の IV}}{=} \begin{vmatrix} a_{11} & a_{12} & a_{13} \\ a_{21} & a_{22} & a_{23} \\ a_{31} & a_{32} & a_{33} \end{vmatrix}$$

VI $|{}^tA| = |A|$ （${}^tA$ は p.14 の転置行列）

$$|{}^tA| = \begin{vmatrix} a_{11} & a_{21} & a_{31} \\ a_{12} & a_{22} & a_{32} \\ a_{13} & a_{23} & a_{33} \end{vmatrix} = a_{11}a_{22}a_{33} + a_{12}a_{23}a_{31} \\ + a_{13}a_{32}a_{21} - a_{13}a_{22}a_{31} \\ - a_{12}a_{21}a_{33} - a_{11}a_{23}a_{32}$$

$$= \begin{vmatrix} a_{11} & a_{12} & a_{13} \\ a_{21} & a_{22} & a_{23} \\ a_{31} & a_{32} & a_{33} \end{vmatrix}$$

このことから次のことがいえる．

行列式の行についての諸性質はすべて列についても成り立つ．

〈追記〉p.66 の **I** と **II** をあわせると，次の行に関する線形性が成り立つ．

$$\begin{vmatrix} \alpha a_{11} + \beta a_{11}' & \alpha a_{12} + \beta a_{12}' & \alpha a_{13} + \beta a_{13}' \\ a_{21} & a_{22} & a_{23} \\ a_{31} & a_{32} & a_{33} \end{vmatrix}$$

$$= \alpha \begin{vmatrix} a_{11} & a_{12} & a_{13} \\ a_{21} & a_{22} & a_{23} \\ a_{31} & a_{32} & a_{33} \end{vmatrix} + \beta \begin{vmatrix} a_{11}' & a_{12}' & a_{13}' \\ a_{21} & a_{22} & a_{23} \\ a_{31} & a_{32} & a_{33} \end{vmatrix}.$$

3.1 行列式の定義

● **より理解を深めるために**

例 3.7 次の行列式を計算せよ．

(1) $\begin{vmatrix} 1 & 3 & 5 \\ 2 & 5 & 8 \\ -1 & 0 & 3 \end{vmatrix}$ (2) $\begin{vmatrix} a & 3a+x & -x \\ b & 3b+y & -y \\ c & 3c+z & -z \end{vmatrix}$ (3) $\begin{vmatrix} yz & zx & xy \\ x & y & z \\ 1 & 1 & 1 \end{vmatrix}$ □

[解] (1) $\begin{vmatrix} 1 & 3 & 5 \\ 2 & 5 & 8 \\ -1 & 0 & 3 \end{vmatrix} \underset{(1,1)}{\overset{=}{\text{列に関する掃き出し}}} \begin{vmatrix} 1 & 0 & 0 \\ 2 & -1 & -2 \\ -1 & 3 & 8 \end{vmatrix}$

$\underset{\substack{3\text{列} - \\ 2\text{列} \times 2}}{=} \begin{vmatrix} 1 & 0 & 0 \\ 2 & -1 & 0 \\ -1 & 3 & 2 \end{vmatrix} = -2$ (サラスの方法)

(2) $\begin{vmatrix} a & 3a+x & -x \\ b & 3b+y & -y \\ c & 3c+z & -z \end{vmatrix} \underset{\substack{2\text{列}+\\3\text{列}}}{=} \begin{vmatrix} a & 3a & -x \\ b & 3b & -y \\ c & 3c & -z \end{vmatrix} \underset{\substack{3\text{をくくり}\\\text{出す}}}{=} 3\underbrace{\begin{vmatrix} a & a & -x \\ b & b & -y \\ c & c & -z \end{vmatrix}}_{\text{等しい}}$

$= 0$

(3) $\begin{vmatrix} yz & zx & xy \\ x & y & z \\ 1 & 1 & 1 \end{vmatrix} \underset{\substack{2\text{列}-1\text{列}\\3\text{列}-1\text{列}}}{=} \begin{vmatrix} yz & z(x-y) & y(x-z) \\ x & y-x & z-x \\ 1 & 0 & 0 \end{vmatrix}$

$\underset{\substack{x-y, z-x\\\text{をくくり出す}}}{=} (x-y)(z-x) \begin{vmatrix} yz & z & -y \\ x & -1 & 1 \\ 1 & 0 & 0 \end{vmatrix}$

$\underset{3\text{列}+2\text{列}}{=} (x-y)(z-x) \begin{vmatrix} yz & z & -y+z \\ x & -1 & 0 \\ 1 & 0 & 0 \end{vmatrix} = -(x-y)(y-z)(z-x)$ ■

問 3.2[*] 次の行列式の値を求めよ．

(1) $\begin{vmatrix} 1 & 4 & 1 \\ 3 & 3 & 2 \\ 2 & 8 & 4 \end{vmatrix}$ (2) $\begin{vmatrix} 1 & a & b+c \\ 1 & b & c+a \\ 1 & c & a+b \end{vmatrix}$ (3) $\begin{vmatrix} 1 & -1 & 2 \\ 3 & 5 & -2 \\ 6 & 1 & 3 \end{vmatrix}$

---

[*]「基本演習線形代数」（サイエンス社）p.45 の例題 3.4, 問題 3.9 (2), 問題 3.11 (1) を参照．

3.2 行列式の性質

4次以上の行列式については，2次，3次の行列式のように簡単ではない．ここでは一般に n 次の行列式の性質を調べる．

定理 3.1 (行に関する和の保存性)

$$\begin{vmatrix} a_{11} & \cdots & a_{1n} \\ \cdots\cdots\cdots \\ a'_{i1}+a''_{i1} & \cdots & a'_{in}+a''_{in} \\ \cdots\cdots\cdots \\ a_{n1} & \cdots & a_{nn} \end{vmatrix} = \begin{vmatrix} a_{11} & \cdots & a_{1n} \\ \cdots\cdots\cdots \\ a'_{i1} & \cdots & a'_{in} \\ \cdots\cdots\cdots \\ a_{n1} & \cdots & a_{nn} \end{vmatrix} + \begin{vmatrix} a_{11} & \cdots & a_{1n} \\ \cdots\cdots\cdots \\ a''_{i1} & \cdots & a''_{in} \\ \cdots\cdots\cdots \\ a_{n1} & \cdots & a_{nn} \end{vmatrix}$$

[証明] 左辺 $= \sum \varepsilon(p_1, p_2, \cdots, p_n) a_{1p_1} \cdots (a_{ip_i}' + a_{ip_i}'') \cdots a_{np_n}$
$= \sum \varepsilon(p_1, \cdots, p_n) a_{1p_1} \cdots a_{ip_i}' \cdots a_{np_n}$
$+ \sum \varepsilon(p_1, \cdots, p_n) a_{1p_1} \cdots a_{ip_i}'' \cdots a_{np_n} = $ 右辺 □

定理 3.2 (行に関するスカラー倍の保存性)

ある行を c 倍すると，その行列式の値は c 倍になる．

$$\begin{vmatrix} a_{11} & \cdots & a_{1n} \\ \cdots\cdots\cdots \\ ca_{i1} & \cdots & ca_{in} \\ \cdots\cdots\cdots \\ a_{n1} & \cdots & a_{nn} \end{vmatrix} = c \begin{vmatrix} a_{11} & \cdots & a_{1n} \\ \cdots\cdots\cdots \\ a_{i1} & \cdots & a_{in} \\ \cdots\cdots\cdots \\ a_{n1} & \cdots & a_{nn} \end{vmatrix}$$

[証明] 左辺 $= \sum \varepsilon(p_1, \cdots, p_n) a_{1p_1} \cdots ca_{ip_i} \cdots a_{np_n}$
$= c \sum \varepsilon(p_1, \cdots, p_n) a_{1p_1} \cdots a_{ip_i} \cdots a_{np_n} = $ 右辺 □

定理 3.3 (行に関する交代性)

2つの行を入れかえると，行列式の値は -1 倍になる．

$$\begin{array}{c} \\ \\ i \to \\ \\ j \to \\ \\ \end{array} \begin{vmatrix} a_{11} & \cdots & a_{1n} \\ \cdots\cdots\cdots \\ a_{i1} & \cdots & a_{in} \\ \cdots\cdots\cdots \\ a_{j1} & \cdots & a_{jn} \\ \cdots\cdots\cdots \\ a_{n1} & \cdots & a_{nn} \end{vmatrix} = - \begin{vmatrix} a_{11} & \cdots & a_{1n} \\ \cdots\cdots\cdots \\ a_{j1} & \cdots & a_{jn} \\ \cdots\cdots\cdots \\ a_{i1} & \cdots & a_{in} \\ \cdots\cdots\cdots \\ a_{n1} & \cdots & a_{nn} \end{vmatrix} \begin{array}{c} \\ \\ \leftarrow i \\ \\ \leftarrow j \\ \\ \end{array}$$

[証明] p.71 の定理 3.3 の補助定理を用いる．

左辺 $= \sum \varepsilon(\cdots, p_i, \cdots, p_j, \cdots) \cdots a_{ip_i} \cdots a_{jp_j} \cdots$
$= - \sum \varepsilon(\cdots, p_j, \cdots, p_i, \cdots) \cdots a_{ip_i} \cdots a_{jp_j} \cdots$
$= - \sum \varepsilon(\cdots, p_j, \cdots, p_i, \cdots) \cdots a_{jp_j} \cdots a_{ip_i} \cdots = $ 右辺 □

● より理解を深めるために

定理 3.3 の補助定理
$$\varepsilon(\cdots, p_i, \cdots, p_j, \cdots) = -\varepsilon(\cdots, p_j, \cdots, p_i, \cdots)$$

[証明] まず $j = i+1$ の場合（隣りどうしの入れかえ）を考える．
$p_i < p_{i+1}$ のとき，
$$\{(\cdots, p_{i+1}, p_i, \cdots) \text{ の転倒数}\} = \{(\cdots, p_i, p_{i+1}, \cdots) \text{ の転倒数} + 1\}$$
$p_i > p_{i+1}$ のとき，
$$\{(\cdots, p_{i+1}, p_i, \cdots) \text{ の転倒数}\} = \{(\cdots, p_i, p_{i+1}, \cdots) \text{ の転倒数} - 1\}$$
よって，常に
$$\varepsilon(\cdots, p_{i+1}, p_i, \cdots) = -\varepsilon(\cdots, p_i, p_{i+1}, \cdots).$$

さて，一般の $i < j$ に対して，p_i と p_j の入れかえはまず p_i を右隣りの数と次々に入れかえていって p_j の右までもっていく．つまり，隣りどうしの入れかえを $j-i$ 回行う．次に p_j を左隣りの数と次々と入れかえて，もと p_i があったところまでもっていけば，隣りどうしの入れかえは $j-i-1$ 回行うことになるから，
$$\varepsilon(\cdots, p_j, \cdots, p_i, \cdots) = (-1)^{(j-i)+(j-i-1)} \varepsilon(\cdots, p_i, \cdots, p_j, \cdots)$$
$$= -\varepsilon(\cdots, p_i, \cdots, p_j, \cdots).\quad\blacksquare$$

例 3.8 行列式において，次の (1), (2), (3) が成り立つことを示せ．

(1) ある 2 つの行が等しいならば，その行列式の値は 0 である．
(2) ある行の成分がすべて 0 ならば，その行列式の値は 0 である．
(3) ある行が他の行に比例しているならば，その行列式の値は 0 である．

[解] (1) 行列式 $|A|$ の 2 つの行が等しいとすると，$|A|$ の等しい 2 つの行を入れかえても $|A|$ は変わらない．一方 p.70 の定理 3.3 より，2 つの行を入れかえると行列式の値は -1 倍である．ゆえに，$|A| = -|A|$ となるから，$2|A| = 0$. すなわち，$|A| = 0$ である．

(2), (3) の証明は問 3.3 をみよ．

問 3.3 上記例 3.8 の (2), (3) を証明せよ．

次に行列式の計算を行うときの基本的な，次数を下げる定理を示そう．

定理 3.4 (次数を下げる公式 1)

$$\begin{vmatrix} a_{11} & a_{12} & \cdots & a_{1n} \\ 0 & a_{22} & \cdots & a_{2n} \\ \vdots & \vdots & \ddots & \vdots \\ 0 & a_{n2} & \cdots & a_{nn} \end{vmatrix} = a_{11} \begin{vmatrix} a_{22} & \cdots & a_{2n} \\ \vdots & \ddots & \vdots \\ a_{n2} & \cdots & a_{nn} \end{vmatrix}$$

[証明] 左辺 $= \displaystyle\sum_{\text{すべての順列}} \varepsilon(p_1, p_2, \cdots, p_n) a_{1p_1} a_{2p_2} \cdots a_{np_n}$

$= \displaystyle\sum_{\substack{p_1=1 \text{ なる} \\ \text{すべての順列}}} \varepsilon(1, p_2, \cdots, p_n) a_{11} a_{2p_2} \cdots a_{np_n}$

$= a_{11} \displaystyle\sum_{\substack{2 \text{ から } n \text{ につい} \\ \text{てのすべての順列}}} \varepsilon(p_2, \cdots, p_n) a_{2p_2} \cdots a_{np_n} =$ 右辺

ここで，上の式変形を説明しよう．まず左辺の行列式は $a_{21} = \cdots = a_{n1} = 0$ の場合である．したがって，$p_1 \neq 1$ のときは，$p_2, \cdots, p_n$ のうちどれかが 1 であるから，$a_{2p_2}, \cdots, a_{np_n}$ のうちどれかが 0 になる．よって，

$$a_{1p_1} a_{2p_2} \cdots a_{np_n} = 0$$

となる．このことから，第 1 式と第 2 式は等しいことがわかる．

次に，第 3 式の $(p_2, \cdots, p_n)$ は 2 から n までの自然数を並べかえてできる順列である．1 は最小の自然数であるので，p.65 の注意 3.2 より，

$$\varepsilon(1, p_2, \cdots, p_n) = \varepsilon(p_2, \cdots, p_n)$$

となる．よって，第 2 式と第 3 式は等しい． ∎

定理 3.5 (行に関する掃き出し不変性)　行列式において，ある行の c 倍 ($c \neq 0$) を他の行に加えても，行列式の値は変わらない．

[証明]　$i \neq j$ のとき，第 i 行に第 j 行の c 倍を加えると，

$$\begin{vmatrix} a_{11} & \cdots & a_{1n} \\ \cdots & \cdots & \cdots \\ a_{i1}+ca_{j1} & \cdots & a_{in}+ca_{jn} \\ \cdots & \cdots & \cdots \\ a_{j1} & \cdots & a_{jn} \\ \cdots & \cdots & \cdots \\ a_{n1} & \cdots & a_{nn} \end{vmatrix} = \begin{vmatrix} a_{11} & \cdots & a_{1n} \\ \cdots & \cdots & \cdots \\ a_{i1} & \cdots & a_{in} \\ \cdots & \cdots & \cdots \\ a_{j1} & \cdots & a_{jn} \\ \cdots & \cdots & \cdots \\ a_{n1} & \cdots & a_{nn} \end{vmatrix} + \begin{vmatrix} a_{11} & \cdots & a_{1n} \\ \cdots & \cdots & \cdots \\ ca_{j1} & \cdots & ca_{j1} \\ \cdots & \cdots & \cdots \\ a_{j1} & \cdots & a_{j1} \\ \cdots & \cdots & \cdots \\ a_{n1} & \cdots & a_{nn} \end{vmatrix}.$$

最後の行列式の値は p.71 の例 3.8 (3) により 0 である． ∎

3.2 行列式の性質

● **より理解を深めるために** ●

4次以上の行列式の計算法 まず与えられた行列式の第1列を掃き出す．（定理 3.5 は行に関する性質であるが，p.76 で列についても成り立つことが示されるのでここで用いることにする．）次に定理 3.4（p.72）により次数を下げる．これを繰り返すと，最後は 2 次や 3 次の行列式になるので，サラスの方法で行列式の値を計算する．

例 3.9 次の行列式の値を求めよ．

$$\begin{vmatrix} 1 & 2 & 0 & -2 \\ -1 & 1 & -1 & 0 \\ 2 & -1 & 2 & -4 \\ 3 & 6 & -1 & 2 \end{vmatrix}$$

[解] $\begin{vmatrix} 1 & 2 & 0 & -2 \\ -1 & 1 & -1 & 0 \\ 2 & -1 & 2 & -4 \\ 3 & 6 & -1 & 2 \end{vmatrix} \underset{(1,1)}{\overset{=}{\text{掃き出し}}} \begin{vmatrix} 1 & 2 & 0 & -2 \\ 0 & 3 & -1 & -2 \\ 0 & -5 & 2 & 0 \\ 0 & 0 & -1 & 8 \end{vmatrix}$

$\underset{3.4}{\overset{=}{\text{定理}}} 1 \times \begin{vmatrix} 3 & -1 & -2 \\ -5 & 2 & 0 \\ 0 & -1 & 8 \end{vmatrix}$

$= -2$（サラスの方法）

例 3.10 上三角行列の行列式

$$|A| = \begin{vmatrix} a_{11} & a_{12} & a_{13} & \cdots & a_{1n} \\ 0 & a_{22} & a_{23} & \cdots & a_{2n} \\ 0 & 0 & a_{33} & \cdots & a_{3n} \\ \vdots & \vdots & \ddots & \ddots & \vdots \\ 0 & 0 & \cdots & 0 & a_{nn} \end{vmatrix} = a_{11} \begin{vmatrix} a_{22} & a_{23} & \cdots & a_{2n} \\ 0 & a_{33} & \cdots & a_{3n} \\ \vdots & \ddots & \ddots & \vdots \\ 0 & \cdots & 0 & a_{nn} \end{vmatrix}$$

$$= \cdots = a_{11} a_{22} \cdots a_{nn}$$

問 3.4 次の行列式の値を求めよ．

$$\begin{vmatrix} -2 & -1 & 3 & 1 \\ 1 & 0 & 1 & 0 \\ 1 & 1 & -1 & -1 \\ -2 & -1 & 1 & 2 \end{vmatrix}$$

積と転置の行列式

定理 3.6 A を正則行列, B を正方行列とするとき, $|AB| = |A||B|$.

[証明] A は正則行列だから, 定理 2.6 (3) (p.52) により
$$A = P_1 P_2 \cdots P_r$$
と基本行列の積で表せる. そこで次ページの問 3.5 (2) を繰り返し使って,
$$|AB| = |P_1 P_2 \cdots P_r B| = |P_1 (P_2 \cdots P_r B)|$$
$$= |P_1||P_2 \cdots P_r B| = \cdots = |P_1||P_2| \cdots |P_r||B|$$
ここで特に $B = E$ とおくと,
$$|AE| = |A|, \ |E| = 1 \quad \text{だから} \quad |A| = |P_1||P_2| \cdots |P_r| \quad \cdots ①$$
$$\therefore \quad |AB| = |P_1||P_2| \cdots |P_r||B| = |A||B| \qquad \blacksquare$$

定理 3.7 (行列式による正則性の判定) A を n 次の正方行列とすると,
(1) A が正則ならば $|A| \neq 0$. (2) A が正則でないならば $|A| = 0$.

[証明] (1) A が正則ならば上記①より $|A| = |P_1||P_2| \cdots |P_r|$ と表され, 次ページの問 3.5 (1) より, 基本行列の行列式は 0 でないから $|A| \neq 0$.

(2) A が正則でないとき, P, Q を適当な基本行列の積である n 次の正則行列とすると, 定理 2.5 (2) (p.52) より,
$$C = PAQ = \begin{bmatrix} E_r & O \\ \hline O & O \end{bmatrix} \quad (\text{rank } A = r < n), \quad \therefore \quad |C| = 0.$$
次に, $P^{-1}C = AQ$, $P^{-1}CQ^{-1} = A$ より $|P^{-1}CQ^{-1}| = |A|$.

また, p.51 の問 2.9 を用い, p.75 の問 3.5 と同様にして, $|CQ^{-1}| = |C||Q^{-1}|$ となるので $|A| = |P^{-1}||C||Q^{-1}|$. $\therefore \quad |A| = 0$. $\blacksquare$

定理 3.8 (積の保存性) n 次正方行列 A, B に対して, $|AB| = |A||B|$.

[証明] A が正則のときは, 上記定理 3.6 で示したので, ここでは A が正則でない場合を考える. p.29 の演習 1.3 より A が正則でないときは, AB も正則でない. よって, 上記定理 3.7 より, $|AB| = 0$. また $|A||B| = 0$ であるので, $|AB| = |A||B|$. $\blacksquare$

3.2 行列式の性質

● より理解を深めるために

例 3.11 $A = \begin{bmatrix} 0 & c & b \\ c & 0 & a \\ b & a & 0 \end{bmatrix}$ とし，$|A^2|$ を計算することによって，次を求めよ．

$$\begin{vmatrix} b^2+c^2 & ab & ca \\ ab & c^2+a^2 & bc \\ ca & bc & a^2+b^2 \end{vmatrix}$$

[解] p.74 の定理 3.8 より $|A^2| = |A|^2$ である．

$$A^2 = \begin{bmatrix} 0 & c & b \\ c & 0 & a \\ b & a & 0 \end{bmatrix} \begin{bmatrix} 0 & c & b \\ c & 0 & a \\ b & a & 0 \end{bmatrix} = \begin{bmatrix} b^2+c^2 & ab & ca \\ ab & c^2+a^2 & bc \\ ca & bc & a^2+b^2 \end{bmatrix}$$

よって，$\begin{vmatrix} b^2+c^2 & ab & ca \\ ab & c^2+a^2 & bc \\ ca & bc & a^2+b^2 \end{vmatrix} = \begin{vmatrix} 0 & c & b \\ c & 0 & a \\ b & a & 0 \end{vmatrix}^2 = (2abc)^2.$

例 3.12 行列式を用いて次を証明せよ．
(1) A, B を n 次正方行列とし，$AB = aE$ ($a \neq 0$) とすると，A, B は正則行列である．
(2) $|A| \neq 1$ であるべき等行列は正則でない．

[解] (1) $|A||B| = |AB| = |aE| = a \neq 0$. よって，$|A| \neq 0, |B| \neq 0$. ゆえに，定理 3.7 (p.74) より A, B は正則．
(2) $A^2 = A$ となる正方行列 A をべき等行列という (p.27)．$|A| = |A^2| = |A|^2$ (p.74 の定理 3.8 より)．よって，$|A|(|A|-1) = 0$．

$$\therefore \quad |A| = 0 \text{ または } |A| = 1.$$

$|A| \neq 1$ より $|A| = 0$ で A は正則でない．

問 3.5 B を n 次正方行列，p.50 で述べた 3 つの n 次の基本行列 $P_{ij}, Q_{ij}(\alpha), R_i(\alpha)$ ($\alpha \neq 0$) とするとき，次のことを示せ．
(1) $|P_{ij}| = -1, \quad |Q_{ij}(\alpha)| = 1, \quad |R_i(\alpha)| = \alpha$
(2) $|PB| = |P||B|$ (P は基本行列)

次に転置行列の行列式の対称性について述べる．

定理 3.9 P を 3 種の基本行列 $P_{ij}, Q_{ij}(\alpha), R_i(\alpha)$ とするとき，
$$|{}^tP| = |P|$$

[証明] ${}^tP_{ij} = P_{ij}, {}^tQ_{ij}(\alpha) = Q_{ji}(\alpha), {}^tR_i(\alpha) = R_i(\alpha)$ であることは容易に確かめられるから，p.75 の問 3.5(1) より結論が導かれる． ■

定理 3.10（行列式の対称性） n 次の正方行列 A に対して，
$$|{}^tA| = |A|$$

[証明] A が正則ならば，p.52 の定理 2.6 (3) より，$A = P_1 P_2 \cdots P_r$ と基本行列の積で表すことができる．よって，

$$
\begin{aligned}
|{}^tA| &= |{}^t(P_1 P_2 \cdots P_r)| = |{}^tP_r \cdots {}^tP_2 {}^tP_1| && \text{(p.14 の定理 1.1 (4) より)} \\
&= |{}^tP_r| \cdots |{}^tP_2| |{}^tP_1| && \text{(p.74 の定理 3.8 より)} \\
&= |P_r| \cdots |P_2| |P_1| && \text{(上記定理 3.9 より)} \\
&= |P_1| |P_2| \cdots |P_r| = |P_1 P_2 \cdots P_r| && \text{(p.74 の定理 3.8 より)} \\
&= |A|
\end{aligned}
$$

また，A が正則でないならば ${}^tA$ も正則でないから p.74 の定理 3.7 より
$$|A| = |{}^tA| = 0.$$
■

この定理 3.10（行列式の対称性）から次のことがいえる．

行列式の行についての諸定理はすべて列についても成り立つ．

例えば，p.72 の定理 3.4（次数を下げる公式 1）は次のようになる．他の諸定理についても同様である．

定理 3.11（次数を下げる公式 2）
$$
\begin{vmatrix}
a_{11} & 0 & \cdots & 0 \\
a_{21} & a_{22} & \cdots & a_{2n} \\
\vdots & \vdots & \ddots & \vdots \\
a_{n1} & a_{n2} & \cdots & a_{nn}
\end{vmatrix}
= a_{11}
\begin{vmatrix}
a_{22} & \cdots & a_{2n} \\
\vdots & \ddots & \vdots \\
a_{n2} & \cdots & a_{nn}
\end{vmatrix}
$$

3.2 行列式の性質

● **より理解を深めるために** ●

例 **3.13** 次の行列式の値を求めよ.

$$|A| = \begin{vmatrix} 4 & 7 & -3 & 3 & -1 \\ 2 & 11 & 8 & -8 & 2 \\ 3 & -12 & -18 & -8 & -6 \\ 4 & 4 & -5 & -5 & -2 \\ -1 & 0 & 3 & 0 & 1 \end{vmatrix}$$

[解] まず第 5 行と第 1 行を入れかえると,

$$|A| = - \begin{vmatrix} -1 & 0 & 3 & 0 & 1 \\ 2 & 11 & 8 & -8 & 2 \\ 3 & -12 & -18 & -8 & -6 \\ 4 & 4 & -5 & -5 & -2 \\ 4 & 7 & -3 & 3 & -1 \end{vmatrix} \underset{\substack{3\,列 + 1\,列 \times 3 \\ 5\,列 + 1\,列}}{=} - \begin{vmatrix} -1 & 0 & 0 & 0 & 0 \\ 2 & 11 & 14 & -8 & 4 \\ 3 & -12 & -9 & -8 & -3 \\ 4 & 4 & 7 & -5 & 2 \\ 4 & 7 & 9 & 3 & 3 \end{vmatrix}$$

$$\underset{\substack{定理\,3.11 \\ (p.76)}}{=} -(-1) \begin{vmatrix} 11 & 14 & -8 & 4 \\ -12 & -9 & -8 & -3 \\ 4 & 7 & -5 & 2 \\ 7 & 9 & 3 & 3 \end{vmatrix} \underset{\substack{1\,行 - 3\,行 \times 2 \\ 2\,行 + 4\,行}}{=} \begin{vmatrix} 3 & 0 & 2 & 0 \\ -5 & 0 & -5 & 0 \\ 4 & 7 & -5 & 2 \\ 7 & 9 & 3 & 3 \end{vmatrix}$$

$$\underset{3\,列 - 1\,列}{=} \begin{vmatrix} 3 & 0 & -1 & 0 \\ -5 & 0 & 0 & 0 \\ 4 & 7 & -9 & 2 \\ 7 & 9 & -4 & 3 \end{vmatrix} \underset{\substack{1\,行と\,2\,行 \\ を入れかえ \\ る}}{=} - \begin{vmatrix} -5 & 0 & 0 & 0 \\ 3 & 0 & -1 & 0 \\ 4 & 7 & -9 & 1 \\ 7 & 9 & -4 & 3 \end{vmatrix}$$

$$\underset{\substack{定理\,3.11 \\ (p.76)}}{=} -(-5) \begin{vmatrix} 0 & -1 & 0 \\ 7 & -9 & 2 \\ 9 & -4 & 3 \end{vmatrix} = 15$$

∎

問 **3.6*** 行列式を用いて次を示せ.

(1) A, B を n 次正方行列とする. A, B が正則であることと AB が正則であることは同値である.

(2) A, P を n 次正方行列とし, P を正則とすると, $|P^{-1}AP| = |A|$.

(3) A, B を n 次正則行列とするとき, 行列式 $|A^{-1}B^{-1}AB| = 1$.

---
* 「基本演習線形代数」(サイエンス社) p.60 の例題 3.17 を参照.

3.3 余因子展開，逆行列と連立1次方程式への応用

余因子 n 次の正方行列 $A = [a_{ij}]$ において，a_{ij} が含まれている行と列を除いて残りの成分からできる $n-1$ 次の行列式

$$D_{ij} = \begin{vmatrix} a_{11} & \cdots & a_{1j} & \cdots & a_{1n} \\ \vdots & & \vdots & & \vdots \\ a_{i1} & \cdots & a_{ij} & \cdots & a_{in} \\ \vdots & & \vdots & & \vdots \\ a_{n1} & \cdots & a_{nj} & \cdots & a_{nn} \end{vmatrix}$$

（第 j 列を取り去る／← 第 i 行を取り去る）

を D_{ij} と表す．これに $(-1)^{i+j}$ をかけた

$$A_{ij} = (-1)^{i+j} D_{ij}$$

を A の第 (i, j) 成分の**余因子**という（⇨ 例 3.14）．

この余因子に関して，次のように考えると，符号の変化が，行や列についての交代性に由来することがわかる．

$$\begin{vmatrix} a_{11} & \cdots & a_{1\,j-1} & 0 & a_{1\,j+1} & \cdots & a_{1n} \\ \vdots & & \vdots & \vdots & \vdots & & \vdots \\ a_{i-1\,1} & \cdots & a_{i-1\,j-1} & 0 & a_{i-1\,j+1} & \cdots & a_{i-1\,n} \\ 0 & \cdots & 0 & 1 & 0 & \cdots & 0 \\ a_{i+1\,1} & \cdots & a_{i+1\,j-1} & 0 & a_{i+1\,j+1} & \cdots & a_{i+1\,n} \\ \vdots & & \vdots & \vdots & \vdots & & \vdots \\ a_{n1} & \cdots & a_{n\,j-1} & 0 & a_{n\,j+1} & \cdots & a_{nn} \end{vmatrix}$$

$$= (-1)^{i+j} \begin{vmatrix} 1 & 0 & \cdots & 0 & 0 & \cdots & 0 \\ 0 & a_{11} & \cdots & a_{1\,j-1} & a_{1\,j+1} & \cdots & a_{1n} \\ \vdots & \vdots & & \vdots & \vdots & & \vdots \\ 0 & a_{i-1\,1} & \cdots & a_{i-1\,j-1} & a_{i-1\,j+1} & \cdots & a_{i-1\,n} \\ 0 & a_{i+1\,1} & \cdots & a_{i+1\,j-1} & a_{i+1\,j+1} & \cdots & a_{i+1\,n} \\ \vdots & \vdots & & \vdots & \vdots & & \vdots \\ 0 & a_{n1} & \cdots & a_{n\,j-1} & a_{n\,j+1} & \cdots & a_{nn} \end{vmatrix}$$

$$= (-1)^{i+j} D_{ij} = A_{ij}$$

3.3 余因子展開，逆行列と連立1次方程式への応用

● **より理解を深めるために** ●

〈追記〉 n 次の正方行列 A の (i, j) 成分の余因子の符号は次のようになっている．

$$\begin{bmatrix} + & - & + & - & \cdots \\ - & + & - & + & \cdots \\ + & - & + & - & \cdots \\ \vdots & \vdots & \vdots & & \ddots \end{bmatrix}$$

例 3.14 $A = \begin{bmatrix} a_{11} & a_{12} \\ a_{21} & a_{22} \end{bmatrix}$ のとき，余因子は

$$A_{11} = a_{22}, \quad A_{12} = -a_{21}, \quad A_{21} = -a_{12}, \quad A_{22} = a_{11}$$

である．また，

$A = \begin{bmatrix} a_{11} & a_{12} & a_{13} \\ a_{21} & a_{22} & a_{23} \\ a_{31} & a_{32} & a_{33} \end{bmatrix}$ のときの余因子は次のようになる．

$$A_{11} = \begin{vmatrix} a_{22} & a_{23} \\ a_{32} & a_{33} \end{vmatrix}, \quad A_{12} = -\begin{vmatrix} a_{21} & a_{23} \\ a_{31} & a_{33} \end{vmatrix}, \quad A_{13} = \begin{vmatrix} a_{21} & a_{22} \\ a_{31} & a_{32} \end{vmatrix}$$

$$A_{21} = -\begin{vmatrix} a_{12} & a_{13} \\ a_{32} & a_{33} \end{vmatrix}, \quad A_{22} = \begin{vmatrix} a_{11} & a_{13} \\ a_{31} & a_{33} \end{vmatrix}, \quad A_{23} = -\begin{vmatrix} a_{11} & a_{12} \\ a_{31} & a_{32} \end{vmatrix}$$

$$A_{31} = \begin{vmatrix} a_{12} & a_{13} \\ a_{22} & a_{23} \end{vmatrix}, \quad A_{32} = -\begin{vmatrix} a_{11} & a_{13} \\ a_{21} & a_{23} \end{vmatrix}, \quad A_{33} = \begin{vmatrix} a_{11} & a_{12} \\ a_{21} & a_{22} \end{vmatrix} \quad \square$$

例 3.15 $A = \begin{bmatrix} 2 & -3 & 1 \\ 3 & 2 & -1 \\ 4 & -1 & 1 \end{bmatrix}$ のとき，余因子 A_{11}, A_{21}, A_{31} を求めよ． $\square$

[解] $A_{11} = (-1)^{1+1} \begin{vmatrix} 2 & -1 \\ -1 & 1 \end{vmatrix} = 1, A_{21} = (-1)^{2+1} \begin{vmatrix} -3 & 1 \\ -1 & 1 \end{vmatrix} = 2$

$A_{31} = (-1)^{3+1} \begin{vmatrix} -3 & 1 \\ 2 & -1 \end{vmatrix} = 1$ ■

問 3.7 $A = \begin{bmatrix} 3 & 1 & -4 & 2 \\ 1 & 0 & 5 & 0 \\ 0 & -1 & 3 & 0 \\ 2 & 4 & 4 & 5 \end{bmatrix}$ の $(3, 2)$ 成分の余因子 A_{32} を求めよ．

行列式の展開　p.72 の定理 3.4 や p.76 の定理 3.11 では，行列式の成分にまず掃き出しを行ってから，次数を下げる公式を導いたが，ここでは n 次の行列式 $|A|$ を余因子を用いて表してみよう．そのため，第 j 列に着目して，式変形を行えば次のようになる．

$$|A| = \begin{vmatrix} a_{11} & \cdots & a_{1j} & \cdots & a_{1n} \\ a_{21} & \cdots & a_{2j} & \cdots & a_{2n} \\ \vdots & & \vdots & & \vdots \\ a_{n1} & \cdots & a_{nj} & \cdots & a_{nn} \end{vmatrix}$$

$$= a_{1j} \begin{vmatrix} a_{11} & \cdots & 1 & \cdots & a_{1n} \\ a_{21} & \cdots & 0 & \cdots & a_{2n} \\ \vdots & & \vdots & & \vdots \\ a_{n1} & \cdots & 0 & \cdots & a_{nn} \end{vmatrix} + a_{2j} \begin{vmatrix} a_{11} & \cdots & 0 & \cdots & a_{1n} \\ a_{21} & \cdots & 1 & \cdots & a_{2n} \\ \vdots & & \vdots & & \vdots \\ a_{n1} & \cdots & 0 & \cdots & a_{nn} \end{vmatrix} + \cdots$$

$$+ a_{nj} \begin{vmatrix} a_{11} & \cdots & 0 & \cdots & a_{1n} \\ a_{21} & \cdots & 0 & \cdots & a_{2n} \\ \vdots & & \vdots & & \vdots \\ a_{n1} & \cdots & 1 & \cdots & a_{nn} \end{vmatrix}$$

$$\begin{array}{cccc} & \text{第 1 行を掃き出す} & \text{第 2 行を掃き出す} & \text{第 } n \text{ 行を掃き出す} \end{array}$$

$$= a_{1j} \begin{vmatrix} 0 & \cdots & 1 & \cdots & 0 \\ a_{21} & \cdots & 0 & \cdots & a_{2n} \\ \vdots & & \vdots & & \vdots \\ a_{n1} & \cdots & 0 & \cdots & a_{nn} \end{vmatrix} + a_{2j} \begin{vmatrix} a_{11} & \cdots & 0 & \cdots & a_{1n} \\ 0 & \cdots & 1 & \cdots & 0 \\ \vdots & & \vdots & & \vdots \\ a_{n1} & \cdots & 0 & \cdots & a_{nn} \end{vmatrix} + \cdots + a_{nj} \begin{vmatrix} a_{11} & \cdots & 0 & \cdots & a_{1n} \\ a_{21} & \cdots & 0 & \cdots & a_{2n} \\ \vdots & & \vdots & & \vdots \\ 0 & \cdots & 1 & \cdots & 0 \end{vmatrix}$$

$$= a_{1j}A_{1j} + a_{2j}A_{2j} + \cdots + a_{nj}A_{nj}$$

これを $|A|$ の**第 j 列**についての**展開式**という．$|{}^tA| = |A|$（p.76 の定理 3.10）より，行についても同様の展開式を得る．

定理 3.12（行列式の展開）　$A = [A_{ij}]$ を n 次の正方行列とすると次の等式が成り立つ．
(1)　$a_{1j}A_{1j} + a_{2j}A_{2j} + \cdots + a_{nj}A_{nj} = |A|$
(2)　$a_{i1}A_{i1} + a_{i2}A_{i2} + \cdots + a_{in}A_{in} = |A|$

注意 3.4　行列式の展開公式は，線形代数の理論では重要な位置を占めているが，具体的に行列式を計算する方法としては，行列式の成分にまず掃き出しを行ってから，次数を下げる公式（p.72 の定理 3.4，p.76 の定理 3.11）を使う方が便利である．

3.3 余因子展開，逆行列と連立1次方程式への応用

● より理解を深めるために ●

定理 3.12 の系 A_{ij} を n 次の正方行列 A の第 (i,j) 成分の余因子とするとき次の等式が成り立つ.
(1) $a_{1i}A_{1j} + a_{2i}A_{2j} + \cdots + a_{ni}A_{nj} = 0$
(2) $a_{i1}A_{j1} + a_{i2}A_{j2} + \cdots + a_{in}A_{jn} = 0$
$(i \neq j)$

[証明]

$$A = \begin{bmatrix} a_{11} & \cdots & a_{1i} & \cdots & a_{1j} & \cdots & a_{1n} \\ a_{21} & \cdots & a_{2i} & \cdots & a_{2j} & \cdots & a_{2n} \\ \vdots & & \vdots & & \vdots & & \vdots \\ a_{n1} & \cdots & a_{ni} & \cdots & a_{nj} & \cdots & a_{nn} \end{bmatrix}$$

の第 j 列を第 i 列でおきかえた次のような行列 A' を考える.

$$A' = \begin{bmatrix} a_{11} & \cdots & a_{1i} & \cdots & a_{1i} & \cdots & a_{1n} \\ a_{21} & \cdots & a_{2i} & \cdots & a_{2i} & \cdots & a_{2n} \\ \vdots & & \vdots & & \vdots & & \vdots \\ a_{n1} & \cdots & a_{ni} & \cdots & a_{ni} & \cdots & a_{nn} \end{bmatrix}$$

このとき，$|A'| = 0$ である．一方 $|A'|$ の第 j 列についての展開式は前ページの定理 3.12 (1) により，

$$a_{1i}A_{1j} + a_{2i}A_{2j} + \cdots + A_{ni}A_{nj} = |A'|$$

が成り立つので (1) が示された．(2) は (1) の列を行でおきかえた式であるので成立する． □

例 3.16 $|A| = \begin{vmatrix} 7 & 4 & 0 \\ -2 & 4 & 3 \\ -3 & 2 & 0 \end{vmatrix}$ を第 3 列で展開して，行列式の値を求めよ． □

[解] $|A| = 3 \times (-1)^{2+3} A_{23} = (-3) \begin{vmatrix} 7 & 4 \\ -3 & 2 \end{vmatrix}$
$= (-3) \times (14 + 12)$
$= -78$

問 3.8 p.79 の問 3.7 の行列式 $|A|$ を第 3 行で展開し $|A|$ の値を求めよ．

余因子行列と逆行列

余因子行列 n 次の正方行列 $A = [a_{ij}]$ において,余因子を集めてできる次のような行列

$$\tilde{A} = \begin{bmatrix} A_{11} & A_{21} & \cdots & A_{n1} \\ A_{12} & A_{22} & \cdots & A_{n2} \\ \vdots & \vdots & & \vdots \\ A_{1n} & A_{2n} & \cdots & A_{nn} \end{bmatrix}$$

|注意 **3.5** 添字の番号が転置行列のように並んでいるので注意すること.

を A の **余因子行列** といい,$\tilde{A}$ で表す.

定理 3.12 (p.80) と定理 3.12 の系 (p.81) から

$$A\tilde{A} = \tilde{A}A = |A|E = \begin{bmatrix} |A| & & & O \\ & |A| & & \\ & & \ddots & \\ O & & & |A| \end{bmatrix} \quad \cdots ①$$

となる.

そこで $|A| \neq 0$ のときに,$X = \dfrac{1}{|A|}\tilde{A}$ とすると,

$$AX = A\frac{1}{|A|}\tilde{A} = \frac{1}{|A|}A\tilde{A} = \frac{1}{|A|}|A|E = E$$

$$XA = \frac{1}{|A|}\tilde{A}A = \frac{1}{|A|}|A|E = E$$

となり X は A の逆行列であることがわかる.よって次の定理を得る.

定理 3.13 (逆行列) n 次の正方行列 A において,$|A| \neq 0$ のとき,

$$A^{-1} = \frac{1}{|A|}\tilde{A} = \begin{bmatrix} \dfrac{A_{11}}{|A|} & \dfrac{A_{21}}{|A|} & \cdots & \dfrac{A_{n1}}{|A|} \\ \dfrac{A_{12}}{|A|} & \dfrac{A_{22}}{|A|} & \cdots & \dfrac{A_{n2}}{|A|} \\ \vdots & \vdots & & \vdots \\ \dfrac{A_{1n}}{|A|} & \dfrac{A_{2n}}{|A|} & \cdots & \dfrac{A_{nn}}{|A|} \end{bmatrix}$$

3.3 余因子展開,逆行列と連立1次方程式への応用

● **より理解を深めるために**

例 3.17 次の行列の逆行列を求めよ.(前ページの定理 3.13 を用いよ).
$$A = \begin{bmatrix} 1 & 2 & -1 \\ -1 & -1 & 2 \\ 2 & -1 & 1 \end{bmatrix} \qquad \square$$

[解] これは p.53 の例 2.8 と同じものであるが,ここでは定理 3.13 (p.82) を用いて求める.

$$|A| = \begin{vmatrix} 1 & 2 & -1 \\ -1 & -1 & 2 \\ 2 & -1 & 1 \end{vmatrix} \underset{(1,1)}{\overset{=}{\text{掃き出し}}} \begin{vmatrix} 1 & 2 & -1 \\ 0 & 1 & 1 \\ 0 & -5 & 3 \end{vmatrix} = \begin{vmatrix} 1 & 1 \\ -5 & 3 \end{vmatrix} = 8 \neq 0$$

ゆえに $|A|$ は正則である.よって余因子を計算すると,

$$A_{11} = \begin{vmatrix} -1 & 2 \\ -1 & 1 \end{vmatrix} = 1, \quad A_{12} = -\begin{vmatrix} -1 & 2 \\ 2 & 1 \end{vmatrix} = 5, \quad A_{13} = \begin{vmatrix} -1 & -1 \\ 2 & -1 \end{vmatrix} = 3$$

$$A_{21} = -\begin{vmatrix} 2 & -1 \\ -1 & 1 \end{vmatrix} = -1, \quad A_{22} = \begin{vmatrix} 1 & -1 \\ 2 & 1 \end{vmatrix} = 3, \quad A_{23} = -\begin{vmatrix} 1 & 2 \\ 2 & -1 \end{vmatrix} = 5$$

$$A_{31} = \begin{vmatrix} 2 & -1 \\ -1 & 2 \end{vmatrix} = 3, \quad A_{32} = -\begin{vmatrix} 1 & -1 \\ -1 & 2 \end{vmatrix} = -1, \quad A_{33} = \begin{vmatrix} 1 & 2 \\ -1 & -1 \end{vmatrix} = 1$$

$$\therefore \quad A^{-1} = \frac{1}{|A|} \begin{bmatrix} A_{11} & A_{21} & A_{31} \\ A_{12} & A_{22} & A_{32} \\ A_{13} & A_{23} & A_{33} \end{bmatrix} = \frac{1}{8} \begin{bmatrix} 1 & -1 & 3 \\ 5 & 3 & -1 \\ 3 & 5 & 1 \end{bmatrix} \qquad \blacksquare$$

問 3.9 次の行列の逆行列を求めよ.

(1) $A = \begin{bmatrix} 1 & -1 & 1 \\ 2 & 1 & 0 \\ 1 & -2 & 3 \end{bmatrix}$ (2) $A = \begin{bmatrix} 1 & 0 & 1 \\ 1 & 1 & 1 \\ 2 & 1 & 1 \end{bmatrix}$

問 3.10 A を n 次の正則行列とするとき,

$$|\tilde{A}| = |A|^{n-1}$$

であることを示せ.

クラメール (Cramer) の公式

p.36 で述べたように連立 1 次方程式

$$\begin{cases} a_{11}x_1 + a_{12}x_2 + \cdots + a_{1n}x_n = b_1 \\ a_{21}x_1 + a_{22}x_2 + \cdots + a_{2n}x_n = b_2 \\ \cdots \\ a_{n1}x_1 + a_{n2}x_2 + \cdots + a_{nn}x_n = b_n \end{cases} \quad \cdots \text{①}$$

は係数行列を A, 未知数と右辺のつくる列ベクトルをそれぞれ $\boldsymbol{x}, \boldsymbol{b}$ とすると, $A\boldsymbol{x} = \boldsymbol{b}$ と表される（⇨ p.36 の (2.3)）.

$|A| \neq 0$ のときは, A は逆行列 A^{-1} をもち, これを左からかけて

$$\boldsymbol{x} = A^{-1}\boldsymbol{b}$$

となる. そこでこれに定理 3.13 (p.82) で求めた A^{-1} を代入して,

$$\begin{bmatrix} x_1 \\ x_2 \\ \vdots \\ x_n \end{bmatrix} = \frac{1}{|A|} \begin{bmatrix} A_{11} & A_{21} & \cdots & A_{n1} \\ A_{12} & A_{22} & \cdots & A_{n2} \\ \vdots & \vdots & & \vdots \\ A_{1n} & A_{2n} & \cdots & A_{nn} \end{bmatrix} \begin{bmatrix} b_1 \\ b_2 \\ \vdots \\ b_n \end{bmatrix}$$

となる. 特に $x_1 = \dfrac{1}{|A|}(b_1 A_{11} + b_2 A_{21} + \cdots + b_n A_{n1})$ となる. ところがこの括弧の中は, 行列式

$$\begin{vmatrix} b_1 & a_{12} & \cdots & a_{1n} \\ b_2 & a_{22} & \cdots & a_{2n} \\ \vdots & \vdots & & \vdots \\ b_n & a_{n2} & \cdots & a_{nn} \end{vmatrix}$$

を第 1 列について余因子展開したものに他ならない.

他の $x_2, \cdots, x_n$ についても全く同様である. よって次の定理を得る.

定理 3.14（クラメールの公式） $|A| \neq 0$ のとき上記連立 1 次方程式 ① の解は次で与えられる.

$$x_i = \frac{1}{|A|} \begin{vmatrix} a_{11} & \cdots & b_1 & \cdots & a_{1n} \\ a_{21} & \cdots & b_2 & \cdots & a_{2n} \\ \vdots & & \vdots & & \vdots \\ a_{n1} & \cdots & b_n & \cdots & a_{nn} \end{vmatrix} \quad (i = 1, 2, \cdots, n)$$

（第 i 列）

3.3 余因子展開,逆行列と連立1次方程式への応用

● **より理解を深めるために** ●━━━━━━━━━━━━━━━━━━━━━━

例 3.18

$$\begin{cases} 3x_1 - 4x_2 + 5x_3 = 4 \\ -7x_1 + 8x_2 - 9x_3 = -4 \\ 11x_1 - 5x_2 + 6x_3 = -3 \end{cases}$$

をクラメールの公式 (p.84) を用いて解け. □

[解] まず,この連立1次方程式の係数行列 A の行列式を $|A|$ とすると,

$$|A| = \begin{vmatrix} 3 & -4 & 5 \\ -7 & 8 & -9 \\ 11 & -5 & 6 \end{vmatrix} \underset{3\,\text{列}+2\,\text{列}}{=} \begin{vmatrix} 3 & -4 & 1 \\ -7 & 8 & -1 \\ 11 & -5 & 1 \end{vmatrix} \underset{\substack{\text{掃き出し}\\(1,3)}}{=} \begin{vmatrix} 3 & -4 & 1 \\ -4 & 4 & 0 \\ 8 & -1 & 0 \end{vmatrix}$$

$$= (-1)^{1+3} \begin{vmatrix} -4 & 4 \\ 8 & -1 \end{vmatrix} = -28 \neq 0$$

よって,クラメールの公式により,

$$x_1 = \frac{1}{-28} \begin{vmatrix} 4 & -4 & 5 \\ -4 & 8 & -9 \\ -3 & -5 & 6 \end{vmatrix} = -1, \quad x_2 = -\frac{1}{28} \begin{vmatrix} 3 & 4 & 5 \\ -7 & -4 & -9 \\ 11 & -3 & 6 \end{vmatrix} = 2$$

$$x_3 = -\frac{1}{28} \begin{vmatrix} 3 & -4 & 4 \\ -7 & 8 & -4 \\ 11 & -5 & -3 \end{vmatrix} = 3 \quad \therefore \quad x_1 = -1, \, x_2 = 2, \, x_3 = 3 \quad ■$$

━━━

問 3.11 クラメールの公式 (p.84) を用いて次の連立1次方程式を解け.

(1) $\begin{cases} 2x_1 + 3x_2 + x_3 = 9 \\ x_1 + 2x_2 + 3x_3 = 6 \\ 3x_1 + x_2 + 2x_3 = 8 \end{cases}$ (2) $\begin{cases} 3x - y + 2z = -7 \\ -x + 5y - 3z = 35 \\ x - y + 3z = -19 \end{cases}$

問 3.12 次の同次連立1次方程式が,$x_1 = 0, x_2 = 0, x_3 = 0$ 以外の解をもてば,係数の行列式 $|A| = 0$ であることを示せ.

$$\begin{cases} a_{11}x_1 + a_{12}x_2 + a_{13}x_3 = 0 \\ a_{21}x_1 + a_{22}x_2 + a_{23}x_3 = 0 \\ a_{31}x_1 + a_{32}x_2 + a_{33}x_3 = 0 \end{cases}$$

演 習 問 題

例題 3.1 ────── ファンデルモンド (Vandermonde) の行列式 ──

行列式 $|D| = \begin{vmatrix} 1 & 1 & 1 \\ x_1 & x_2 & x_3 \\ x_1^2 & x_2^2 & x_3^2 \end{vmatrix}$ の値を求めよ．

[解答] 行列式 $|D|$ を x_1, x_2, x_3 の多項式と考える．x_2 に x_1 を代入すると $|D|$ の値は 0 になるから，因数定理によりこの行列式は $(x_2 - x_1)$ で割り切れる．同様に x_3 に x_1 に代入しても，x_3 を x_2 に代入しても，$|D|$ の値は 0 になり，$(x_3 - x_1), (x_3 - x_2)$ で割り切れる．

よって，行列式 $|D|$ は $(x_2 - x_1)(x_3 - x_1)(x_3 - x_2)$ で割り切れることになるが，行列式 $|D|$ も $(x_2 - x_1)(x_3 - x_1)(x_3 - x_2)$ も x_1, x_2, x_3 に関して 3 次だから $|D| = k(x_2 - x_1)(x_3 - x_1)(x_3 - x_2), (k:定数)$ となる．

この両辺の $x_2 x_3^2$ の項の係数を比較して $k = 1$．よって

$$|D| = (x_2 - x_1)(x_3 - x_1)(x_3 - x_2).$$

〈追記〉 このファンデルモンドの行列式は次のように拡張される．

$$\begin{vmatrix} 1 & 1 & \cdots & 1 \\ x_1 & x_2 & \cdots & x_n \\ x_1^2 & x_2^2 & \cdots & x_n^2 \\ \vdots & \vdots & & \vdots \\ x_1^{n-1} & x_2^{n-1} & \cdots & x_n^{n-1} \end{vmatrix} = \begin{matrix} (x_2 - x_1)(x_3 - x_1) \cdots (x_n - x_1) \\ \times (x_3 - x_2) \cdots (x_n - x_2) \\ \cdots \cdots \\ \times (x_n - x_{n-1}) \end{matrix}$$

(解答は章末の p.94 以降に掲載されています.)

演習 3.1 因数定理を用いて，次の行列式の値を求めよ．

$$|A| = \begin{vmatrix} b+c & a & a \\ b & c+a & b \\ c & c & a+b \end{vmatrix}$$

演習問題

例題 3.2 ────────────── 行列式の因数分解 ─

行列式 $\begin{vmatrix} 1 & 1 & 1 \\ a & a^2 & a^3 \\ b & b^2 & b^3 \end{vmatrix}$ を因数分解せよ.

[解答] $\begin{vmatrix} 1 & 1 & 1 \\ a & a^2 & a^3 \\ b & b^2 & b^3 \end{vmatrix} = ab \begin{vmatrix} 1 & 1 & 1 \\ 1 & a & a^2 \\ 1 & b & b^2 \end{vmatrix}$

$\underset{(1,1)}{\overset{=}{\text{掃き出し}}} ab \begin{vmatrix} 1 & 1 & 1 \\ 0 & a-1 & a^2-1 \\ 0 & b-1 & b^2-1 \end{vmatrix} = ab \begin{vmatrix} a-1 & (a-1)(a+1) \\ b-1 & (b-1)(b+1) \end{vmatrix}$

$= ab(a-1)(b-1) \begin{vmatrix} 1 & a+1 \\ 1 & b+1 \end{vmatrix}$

$= ab(a-1)(b-1)(b-a)$

注意 3.6 この行列式は a に $0, 1, b$ を代入するとそれぞれ 0 になるので,因数定理により,$a, a-1, a-b$ を因数にもつ.同様に $b, b-1$ を因数にもつことがわかる(⇨ 例題 3.1,演習 3.1).

演習 3.2 次の行列式を因数分解せよ.

(1) $\begin{vmatrix} a+b & a & a \\ a & a+b & a \\ a & a & a+b \end{vmatrix}$ 　(2) $\begin{vmatrix} 1 & 1 & 1 \\ a^2 & b^2 & c^2 \\ a^3 & b^3 & c^3 \end{vmatrix}$

演習 3.3 次の n 次の行列式を計算せよ.

$$\begin{vmatrix} a & b & b & \cdots & b \\ b & a & b & \cdots & b \\ b & b & a & \cdots & b \\ \vdots & \vdots & \vdots & & \vdots \\ b & b & b & \cdots & a \end{vmatrix}$$

── 例題 3.3 ─────────────────────── クラメールの公式 ──

$a \neq b, b \neq c, c \neq a$ のとき

連立 1 次方程式 $\begin{cases} a^2 x + b^2 y + c^2 z = d^2 \\ a\ x + b\ y + c\ z = d \\ x + \ y + \ z = 1 \end{cases}$ を解け.

[解答] 係数の行列式 $|A| = \begin{vmatrix} a^2 & b^2 & c^2 \\ a & b & c \\ 1 & 1 & 1 \end{vmatrix} = \begin{vmatrix} a^2 & b^2 - a^2 & c^2 - a^2 \\ a & b - a & c - a \\ 1 & 0 & 0 \end{vmatrix}$

$= (-1)^{3+1} \begin{vmatrix} b^2 - a^2 & c^2 - a^2 \\ b - a & c - a \end{vmatrix} = (b-a)(c-a) \begin{vmatrix} b+a & c+a \\ 1 & 1 \end{vmatrix}$

$= (b-a)(c-a)(b-c) \neq 0$

よって，クラメールの公式 (p.84) より

$x = \dfrac{1}{|A|} \begin{vmatrix} d^2 & b^2 & c^2 \\ d & b & c \\ 1 & 1 & 1 \end{vmatrix}, \quad y = \dfrac{1}{|A|} \begin{vmatrix} a^2 & d^2 & c^2 \\ a & d & c \\ 1 & 1 & 1 \end{vmatrix}, \quad z = \dfrac{1}{|A|} \begin{vmatrix} a^2 & b^2 & d^2 \\ a & b & d \\ 1 & 1 & 1 \end{vmatrix}$

$\begin{vmatrix} d^2 & b^2 & c^2 \\ d & b & c \\ 1 & 1 & 1 \end{vmatrix} = (b-d)(c-d)(b-c) \quad \begin{pmatrix} \text{上記 } |A| \text{ の計算で} \\ a \text{ の代りに } d \text{ とする.} \\ \text{他も同様である.} \end{pmatrix}$

$\therefore \begin{cases} x = \dfrac{(b-d)(c-d)}{(b-a)(c-a)}, \quad y = \dfrac{(d-a)(d-c)}{(b-a)(b-c)} \\ z = \dfrac{(d-a)(b-d)}{(c-a)(b-c)} \end{cases}$

演習 **3.4**　a を定数とするとき，次の連立方程式を解け．

$\begin{cases} x + 2ay + 3az = 1 \\ ax - 2\ y + 3az = 2 \\ ax - 2ay + 3\ z = 3 \end{cases}$

演 習 問 題

例題 3.4 ———————————————————— 行列式の積 —

$\begin{vmatrix} a & b & c \\ c & a & b \\ b & c & a \end{vmatrix} = a^3+b^3+c^3-3abc$ であることを用いて, $a^3+b^3+c^3-3abc$ と $x^3+y^3+z^3-3xyz$ の積はまた $X^3+Y^3+Z^3-3XYZ$ という形になることを示せ.

[解答] $\quad (a^3+b^3+c^3-3abc)(x^3+y^3+z^3-3xyz)$

$= \begin{vmatrix} a & b & c \\ c & a & b \\ b & c & a \end{vmatrix} \begin{vmatrix} x & y & z \\ z & x & y \\ y & z & x \end{vmatrix}$

$= \begin{vmatrix} ax+bz+cy & ay+bx+cz & az+by+cx \\ cx+az+by & cy+ax+bz & cz+ay+bx \\ bx+cz+ay & by+cx+az & bz+cy+ax \end{vmatrix}$

$= \begin{vmatrix} X & Y & Z \\ Z & X & Y \\ Y & Z & X \end{vmatrix} = X^3+Y^3+Z^3-3XYZ$

ただし, $X = ax+bz+cy,\ Y = ay+bx+cz,\ Z = az+by+cx.$

演習 3.5 次の A, B に $|AB| = |A||B|$ を適用して, 次を示せ.

$$A = \begin{bmatrix} a & -b \\ b & a \end{bmatrix}, \quad B = \begin{bmatrix} x & -y \\ y & x \end{bmatrix} \text{ として,}$$

a^2+b^2 と x^2+y^2 の積は, X^2+Y^2 の形である.

演習 3.6 次の A, B に $|AB| = |A||B|$ を適用して $|A|$ を求めよ.

$$A = \begin{bmatrix} a & b & c & d \\ -b & a & -d & c \\ -c & d & a & -b \\ -d & -c & b & a \end{bmatrix}, \quad B = {}^t\!A.$$

研究 ブロック分割と行列式について

定理 3.15 A を n 次, B を m 次の正方行列とし, C を $m \times n$ 行列とするとき,

$$\begin{vmatrix} A & O \\ C & B \end{vmatrix} = |A||B|$$

が成立する.

[証明] 行列 A, B, C を次のように表し,

$$A = \begin{bmatrix} a_{11} & \cdots & a_{1n} \\ \vdots & & \vdots \\ a_{n1} & \cdots & a_{nn} \end{bmatrix}, \quad B = \begin{bmatrix} b_{11} & \cdots & b_{1m} \\ \vdots & & \vdots \\ b_{m1} & \cdots & b_{mm} \end{bmatrix}, \quad C = \begin{bmatrix} c_{11} & \cdots & c_{1n} \\ \vdots & & \vdots \\ c_{m1} & \cdots & c_{mn} \end{bmatrix}$$

$$\begin{vmatrix} A & O \\ C & B \end{vmatrix} = \begin{vmatrix} a_{11} & \cdots & a_{1n} & 0 & \cdots & 0 \\ \vdots & & \vdots & \vdots & & \vdots \\ a_{n1} & \cdots & a_{nn} & 0 & \cdots & 0 \\ c_{11} & \cdots & c_{1n} & b_{11} & \cdots & b_{1m} \\ \vdots & & \vdots & \vdots & & \vdots \\ c_{m1} & \cdots & c_{mn} & b_{m1} & \cdots & b_{mm} \end{vmatrix} = |A||B| \quad \cdots ①$$

が成立することを示す. ここでは, 数学的帰納法を用いて証明する.

$n = 1$ のときは,

$$\begin{vmatrix} A & O \\ C & B \end{vmatrix} = \begin{vmatrix} a_{11} & 0 & \cdots & 0 \\ c_{11} & b_{11} & \cdots & b_{1m} \\ \vdots & \vdots & & \vdots \\ c_{m1} & b_{m1} & \cdots & b_{mm} \end{vmatrix}$$

$$= a_{11} \begin{vmatrix} b_{11} & \cdots & b_{1m} \\ \vdots & & \vdots \\ b_{m1} & \cdots & b_{mm} \end{vmatrix} = |A||B|$$

となり成立する. 次に A が $n-1$ 次の正方行列のとき, 成立するものとする.

A が n 次のとき, 第 1 行で展開して,

$$\begin{vmatrix} A & O \\ C & B \end{vmatrix} = a_{11}L_{11} + a_{12}L_{12} + \cdots + a_{1n}L_{1n}$$

$$\left(L_{1j} \text{は行列} \begin{bmatrix} A & O \\ C & B \end{bmatrix} \text{における} a_{1j} \text{の余因子} \right)$$

ここで

$$L_{1j} = (-1)^{1+j} \begin{vmatrix} \tilde{A}_{1j} & O \\ C_j & B \end{vmatrix} \quad \begin{pmatrix} \tilde{A}_{1j} \text{は } A \text{ の第 } 1 \text{ 行，第 } j \text{ 列を} \\ \text{除いた } n-1 \text{ 次小行列とし，} \\ C_j \text{は } C \text{ から第 } j \text{ 列を除いた，} \\ m \times (n-1) \text{ 次の行列とする．} \end{pmatrix}$$

であり，帰納法の仮定より，

$$L_{1j} = (-1)^{1+j} |\tilde{A}_{1j}| |B| = A_{1j} |B| \quad \begin{pmatrix} A_{1j} \text{は } A \text{ における } a_{1j} \\ \text{の余因子である．} \end{pmatrix}$$

だから，

$$\begin{vmatrix} A & O \\ C & B \end{vmatrix} = (a_{11}A_{11} + a_{12}A_{12} + \cdots + a_{1n}A_{1n})|B| = |A||B|.$$

ゆえに，A が n 次正方行列のときも正しい．

全く同様にして，A を n 次，B を m 次の正方行列とし，D を $n \times m$ 行列とすると，次式が成立する．

$$\begin{vmatrix} A & D \\ O & B \end{vmatrix} = |A||B| \qquad \square$$

例 3.18 A, B を n 次正方行列とするとき，次式を示せ．

$$\begin{vmatrix} A & B \\ B & A \end{vmatrix} = |A+B||A-B| \qquad \square$$

[解]

$$\begin{vmatrix} A & B \\ B & A \end{vmatrix} = \begin{pmatrix} \text{第 } 1 \text{ 行に第 } n+1 \text{ 行を加える} \\ \text{第 } 2 \text{ 行に第 } n+2 \text{ 行を加える} \\ \vdots \\ \text{第 } n \text{ 行に第 } 2n \text{ 行を加える} \end{pmatrix} = \begin{vmatrix} A+B & A+B \\ B & A \end{vmatrix}$$

$$= \begin{pmatrix} \text{第 } n+1 \text{ 列から第 } 1 \text{ 列をひく} \\ \text{第 } n+2 \text{ 列から第 } 2 \text{ 列をひく} \\ \vdots \\ \text{第 } 2n \text{ 列から第 } n \text{ 列をひく} \end{pmatrix} = \begin{vmatrix} A+B & O \\ B & A-B \end{vmatrix}$$

よって，前ページの定理 3.15 より

$$\begin{vmatrix} A & B \\ B & A \end{vmatrix} = |A+B||A-B|. \qquad \blacksquare$$

問の解答（第3章）

問 3.1 (1) 1　　(2) $3abc - a^3 - b^3 - c^3$　　(3) 0

問 3.2 (1) -18　　(2) 0　　(3) -16

問 3.3 例 3.8 の (2) の証明．p.70 の定理 3.2 を使うと，成分がすべて 0 の行からは 0 がくくり出せるから，行列式の値は 0 である．

(3) 第 j 行が第 i 行の c 倍になっているとすると，p.70 の定理 3.2 と上の (1) より

$$
\begin{array}{c}
\text{第 } i \text{ 行} \to \\ \\ \text{第 } j \text{ 行} \to
\end{array}
\begin{vmatrix}
a_{11} & a_{12} & \cdots & a_{1n} \\
\cdots\cdots & & & \\
a_{i1} & a_{i2} & \cdots & a_{in} \\
\cdots\cdots & & & \\
ca_{i1} & ca_{i2} & \cdots & ca_{in} \\
\cdots\cdots & & & \\
a_{n1} & a_{n2} & \cdots & a_{nn}
\end{vmatrix}
= c
\begin{vmatrix}
a_{11} & a_{12} & \cdots & a_{1n} \\
\cdots\cdots & & & \\
a_{i1} & a_{i2} & \cdots & a_{in} \\
\cdots\cdots & & & \\
a_{i1} & a_{i2} & \cdots & a_{in} \\
\cdots\cdots & & & \\
a_{n1} & a_{n2} & \cdots & a_{nn}
\end{vmatrix}
= c \cdot 0 = 0
$$

問 3.4 3

問 3.5 (1)
$$
\left.
\begin{array}{ll}
|P_{ij}B| = -|B| & (\text{p.70 の定理 3.3 より}) \\
|Q_{ij}(\alpha)B| = |B| & (\text{p.72 の定理 3.5 より}) \\
|R_i(\alpha)B| = \alpha|B| & (\text{p.70 の定理 3.2 より})
\end{array}
\right\} \quad \cdots ①
$$

である．特に $B = E$ とすると，$|E| = 1$ より

$$
|P_{ij}| = -1, \quad |Q_{ij}(\alpha)| = 1, \quad |R_i(\alpha)| = \alpha \quad \cdots ②
$$

(2) 上記①，②より $|PB| = |P||B|$．

問 3.6 (1) A, B を正則とすると $|A| \neq 0$, $|B| \neq 0$ (p.74 の定理 3.7)．したがって，p.74 の定理 3.8 より $|AB| = |A||B| \neq 0$．ゆえに，AB は正則である．

逆に，AB が正則とすると，$|A||B| = |AB| \neq 0$．　∴　$|A| \neq 0$, $|B| \neq 0$．よって，A, B は正則である．

(2) $PP^{-1} = E$，ゆえに $|P||P^{-1}| = 1$．$|P| \neq 0$ より $|P^{-1}| = |P|^{-1}$．

$$
\therefore \quad |P^{-1}AP| = |P^{-1}||A||P| = |P|^{-1}|A||P| = |A|.
$$

(3) $|A^{-1}B^{-1}AB| = |A^{-1}||B^{-1}||A||B|$
$\qquad\qquad\qquad = |A|^{-1}|B|^{-1}|A||B| = 1$

問 **3.7** $A_{32} = (-1)^{3+2} \begin{vmatrix} 3 & -4 & 2 \\ 1 & 5 & 0 \\ 2 & 4 & 5 \end{vmatrix}$

$= -83$

問 **3.8** $|A| = (-1)A_{32} + 3A_{33}$

$= (-1)(-1)^{3+2} \begin{vmatrix} 3 & -4 & 2 \\ 1 & 5 & 0 \\ 2 & 4 & 5 \end{vmatrix} + 3(-1)^{3+3} \begin{vmatrix} 3 & 1 & 2 \\ 1 & 0 & 0 \\ 2 & 4 & 5 \end{vmatrix}$

$= 92$

問 **3.9** (1) $|A| = 4 \neq 0$, $A^{-1} = \dfrac{1}{4} \begin{bmatrix} 3 & 1 & -1 \\ -6 & 2 & 2 \\ -5 & 1 & 3 \end{bmatrix}$

(2) $|A| = -1 \neq 0$, $A^{-1} = \begin{bmatrix} 0 & -1 & 1 \\ -1 & 1 & 0 \\ 1 & 1 & -1 \end{bmatrix}$

問 **3.10** p.82 の①より, $A\tilde{A} = \begin{bmatrix} |A| & & & O \\ & |A| & & \\ & & \ddots & \\ O & & & |A| \end{bmatrix}$.

∴ $|A||\tilde{A}| = |A|^n$. $|A| \neq 0$ より, $|\tilde{A}| = |A|^{n-1}$.

問 **3.11** (1) まず係数の行列式を求める.

$|A| = \begin{vmatrix} 2 & 3 & 1 \\ 1 & 2 & 3 \\ 3 & 1 & 2 \end{vmatrix} = 18, \quad x_1 = \dfrac{1}{18} \begin{vmatrix} 9 & 3 & 1 \\ 6 & 2 & 3 \\ 8 & 1 & 2 \end{vmatrix} = \dfrac{35}{18}$

他も同様にして, $x_2 = \dfrac{29}{18}, x_3 = \dfrac{5}{18}$.

(2) $|A| = 28$. $x = 3, y = 4, z = -6$.

問 **3.12** 係数の行列式 $|A| \neq 0$ であれば, クラメールの公式 (p.84) から

$x_1 = \dfrac{1}{|A|} \begin{vmatrix} 0 & a_{12} & a_{13} \\ 0 & a_{22} & a_{23} \\ 0 & a_{32} & a_{33} \end{vmatrix} = 0,$

他も同様にして $x_2 = 0, x_3 = 0$ である. この対偶をとればよい.

演習問題解答（第3章）

演習 3.1 $a=0$ とおくと，第 2 列と第 3 列が比例するから $|A|=0$. 同様に $b=0, c=0$ としても $|A|=0$ だから $|A|$ は abc で割り切れる．

次に $|A|$ の各行，各列は a, b, c の 1 次式だから，各行，各列から 1 つずつとってかけあわせたものの和は 3 次式であるので $|A|=kabc$ と表される．この k を求めるために $a=b=c=1$ とおくと

$$\begin{vmatrix} 2 & 1 & 1 \\ 1 & 2 & 1 \\ 1 & 1 & 2 \end{vmatrix} = k \quad \therefore \quad k=4 \quad \therefore \quad |A|=4abc$$

演習 3.2 (1) $\begin{vmatrix} a+b & a & a \\ a & a+b & a \\ a & a & a+b \end{vmatrix} = \begin{vmatrix} 3a+b & a & a \\ 3a+b & a+b & a \\ 3a+b & a & a+b \end{vmatrix}$

$$= (3a+b) \begin{vmatrix} 1 & a & a \\ 1 & a+b & a \\ 1 & a & a+b \end{vmatrix} = (3a+b) \begin{vmatrix} 1 & a & a \\ 0 & b & 0 \\ 0 & 0 & b \end{vmatrix}$$

$$= (3a+b) \begin{vmatrix} b & 0 \\ 0 & b \end{vmatrix} = (3a+b)b^2$$

(2) $\begin{vmatrix} 1 & 1 & 1 \\ a^2 & b^2 & c^2 \\ a^3 & b^3 & c^3 \end{vmatrix} = \begin{vmatrix} 1 & 1 & 1 \\ 0 & b^2-a^2 & c^2-a^2 \\ 0 & b^3-a^3 & c^3-a^3 \end{vmatrix} = \begin{vmatrix} b^2-a^2 & c^2-a^2 \\ b^3-a^3 & c^3-a^3 \end{vmatrix}$

$$= \begin{vmatrix} (b-a)(b+a) & (c-a)(c+a) \\ (b-a)(b^2+ba+a^2) & (c-a)(c^2+ca+a^2) \end{vmatrix}$$

$$= (b-a)(c-a) \begin{vmatrix} b+a & c+a \\ b^2+ba+a^2 & c^2+ca+a^2 \end{vmatrix}$$

$$= (b-a)(c-a) \begin{vmatrix} b+a & c+a \\ b^2 & c^2 \end{vmatrix}$$

$$= (a-b)(b-c)(c-a)(bc+ca+ab)$$

演習 3.3 (1) $\begin{vmatrix} a & b & b & \cdots & b \\ b & a & b & \cdots & b \\ b & b & a & \cdots & b \\ \vdots & \vdots & \vdots & & \vdots \\ b & b & b & \cdots & a \end{vmatrix}$ (第 1 列+第 2 列+$\cdots$+第 n 列)

$= \begin{vmatrix} a+(n-1)b & b & b & \cdots & b \\ a+(n-1)b & a & b & \cdots & b \\ a+(n-1)b & b & a & \cdots & b \\ \vdots & \vdots & \vdots & & \vdots \\ a+(n-1)b & b & b & \cdots & a \end{vmatrix}$

$= \{a+(n-1)b\} \begin{vmatrix} 1 & b & b & \cdots & b \\ 1 & a & b & \cdots & b \\ 1 & b & a & \cdots & b \\ \vdots & \vdots & \vdots & & \vdots \\ 1 & b & b & \cdots & a \end{vmatrix}$

$= \{a+(n-1)b\} \begin{vmatrix} 1 & b & b & \cdots & b \\ 0 & a-b & 0 & \cdots & 0 \\ 0 & 0 & a-b & \cdots & 0 \\ \vdots & \vdots & \vdots & & \vdots \\ 0 & 0 & 0 & \cdots & a-b \end{vmatrix}$

$= \{a+(n-1)b\}(a-b)^{n-1}$

演習 3.4 係数の行列式は $|A| = \begin{vmatrix} 1 & 2a & 3a \\ a & -2 & 3a \\ a & -2a & 3 \end{vmatrix} = 6(a+1)(a-1)$ である. したがって, $a \neq \pm 1$ のときこの行列式の値は 0 でない. このときには, クラメールの公式により

$$x = \frac{2a-1}{a-1}, \quad y = \frac{a-1}{a+1}, \quad z = -\frac{2a^2-3a+3}{3a^2-3}$$

$a = 1$ のときには, 代入してみると第 2 式と第 3 式がどんな x, y, z に対しても同時には成り立たないことが, $a = -1$ のときには第 1 式と第 3 式がどんな x, y, z

に対しても同時には成り立たないことがわかる．よってこれらの場合にはこの連立方程式は解を持たない．

演習 3.5 $(a^2+b^2)(x^2+y^2) = \begin{vmatrix} a & -b \\ b & a \end{vmatrix} \begin{vmatrix} x & -y \\ y & x \end{vmatrix}$

$= \begin{vmatrix} ax-by & -bx-ay \\ bx+ay & ax-by \end{vmatrix} = \begin{vmatrix} X & -Y \\ Y & X \end{vmatrix} = X^2+Y^2$

ただし $X=ax-by, Y=bx+ay$ とおく．

演習 3.6 p.76 の定理 3.10 より，$|A|=|{}^tA|$ である．ゆえに，
$|AB|=|A||B|=|A||{}^tA|=|A|^2$.

$|A|^2 = |A||{}^tA| = \begin{vmatrix} a & b & c & d \\ -b & a & -d & c \\ -c & d & a & -b \\ -d & -c & b & a \end{vmatrix} \begin{vmatrix} a & -b & -c & -d \\ b & a & d & -c \\ c & -d & a & b \\ d & c & -b & a \end{vmatrix}$

$= \begin{vmatrix} a^2+b^2+c^2+d^2 & 0 & 0 & 0 \\ 0 & a^2+b^2+c^2+d^2 & 0 & 0 \\ 0 & 0 & a^2+b^2+c^2+d^2 & 0 \\ 0 & 0 & 0 & a^2+b^2+c^2+d^2 \end{vmatrix}$

$= (a^2+b^2+c^2+d^2)^4$

a^4 の項は正だから

$$|A| = (a^2+b^2+c^2+d^2)^2.$$

第 4 章

ベクトルとベクトル空間

本章の目的　これまでの章では「行列」,「行列式」を「数を並べたもの」,「計算する対象」, 少し言い方を変えると「代数的な」ものとして扱ってきたといえるかもしれない. ベクトルも数を並べた「数ベクトル」のみを扱ってきた.

しかし同時にこれらは一方で, 図形的な意味を持ったものでもある. 特にベクトル空間の概念には「線形」という概念が直接表れてくる.

この章ではベクトルについてその図形的な意味, 代数的な意味の両方について考える.

本章の内容

- 4.1　ベクトル
- 4.2　ベクトルの線形演算
- 4.3　ベクトルの内積
- 4.4　ベクトルの一次独立・一次従属
- 4.5　平面上のベクトル
- 4.6　空間上のベクトル
- 4.7　図形的なベクトルと数ベクトルの演算
- 4.8　ベクトルの一次独立性の判定法
- 4.9　ベクトル空間
- 4.10　部分空間
- 研究　内積空間

4.1　ベクトル

有向線分　平面上または空間内において普通「線分 AB」といえば，2 点 A, B を結ぶものとして定義される．そして「線分 AB」，「線分 BA」は同じものであるとされる．しかしこの 2 つの線分を別のものとして考える必要がある場合というのは日常生活でもよく起きることであろう．そこで，線分の 2 つの端点のうち一方を **始点**，他方を **終点** として，線分に向きを考えたものを **有向線分** と呼ぶ．言い換えれば線分は「長さ，位置」によって，有向線分は「向き，長さ，位置」によって決まるものである（⇨ 図 4.1）．

従来の線分と有向線分を区別するために，$\overrightarrow{AB}$ のように書いて，点 A が始点，点 B が終点であることを明示することもある．あまり使わないが，同じ線分を $\overleftarrow{BA}$ と表すことも可能である．

ベクトル　有向線分を決める 3 つの要素のうち，位置を決めずに，「向き，長さ」だけを決めたものを **ベクトル** と呼ぶ．

この定義からすぐに次の重要なことがわかる．

　　平行移動してぴったり重なる 2 つのベクトルは，同一のものである．

この表現は慣れないと少々難しいが「自由に平行移動してよい」と言い換えてもよいかもしれない．

> **実生活（物理量）におけるベクトルの例**（⇨ 図 4.2）
>
> (1)　物体の移動：「A 地点から南東へ 2km 進む」
> (2)　運動の速度：「C 地点から西南西に 40km/h (時速 40km) で進む」
> (3)　力・加速度：「物体に対し地球の重力は，<u>鉛直方向下向きに $9.8\mathrm{m/s^2}$</u> の加速度を生じる」

このほか，空間に電界や磁界があるとき，各点におけるその強さ・向きはベクトルとなる*．

---

*　このベクトルを空間全体でとらえるとき，ベクトル場という呼び方をすることもあり，それに対応して「電場」，「磁場」（両方を考えるときには電磁場）と呼ぶことがある．

ベクトルは位置を決めないので，有向線分のように始点・終点を明示しない方がいいことも多い．そこでベクトル a, b のように表す．

ベクトルの絶対値 ベクトルの長さを $|a|$ で表す．これをベクトルの絶対値と呼ぶ．

● **より理解を深めるために** ●

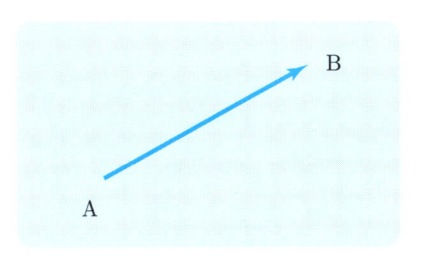

図 4.1　有向線分

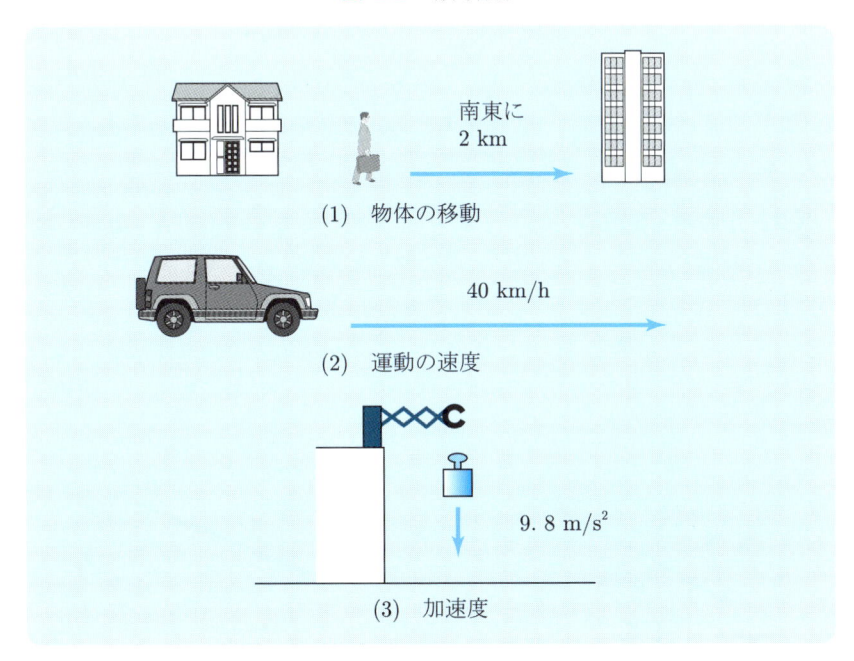

(1) 物体の移動　南東に 2 km

(2) 運動の速度　40 km/h

(3) 加速度　9.8 m/s²

図 4.2

4.2 ベクトルの線形演算

ベクトルは様々な見方をすることができるが，向きと長さを持つものであるということから「点の移動」の概念を表すとみることもできる．例えば「北北東に 10km 進む」というような見方である．このとき，2 つのベクトルを「加える」とは，「北北東に 10km 進み」，「南南東に 10km 進む」という 2 つの移動を続けて行ったものとみるのは自然であろう．

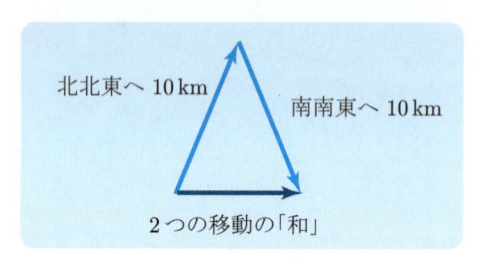

図 4.3　ベクトルの和

また，ベクトルを k 倍するとは，$k > 0$ のときは (進む) 長さを k 倍する，$k < 0$ のときは逆の向きに $|k|$ 倍するものだと考えることも自然である．これらのことから次のように定義する．

ベクトルの和・定数倍　ベクトル a とベクトル b の「和」$a + b$ を，平行移動することによって b の始点 a の終点に重ね，$a = \overrightarrow{AB}, b = \overrightarrow{BC}$ とおいたときの $\overrightarrow{AC}$ に相当するベクトルであると定める（⇨図 4.4）．

ベクトル a の k 倍とは，$k > 0$ のとき a と同じ向きで長さが k 倍になったもの，$k < 0$ のとき a と逆の向きで長さが $|k|$ 倍になったものと定める（⇨図 4.5）．

図 4.4　　　　　図 4.5

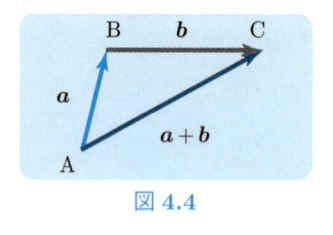

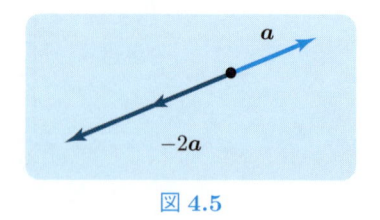

零ベクトル　ベクトルを 0 倍すると "長さがなくなって" しまい，向きを考えることもできなくなってしまうが，こういうものもベクトルの一員と考えることにしよう．長さが 0 の（したがって向きもない）ベクトルを形式的に考え，**零ベクトル**またはゼロ・ベクトルとよび，$\bm{0}$ と表す*．$0\bm{a} = \bm{0}$ と定める．

ベクトルの線形演算について次の法則が成り立つ．

$$\bm{a} + \bm{b} = \bm{b} + \bm{a} \quad \text{（交換法則）} \tag{4.1}$$

$$\bm{a} + (\bm{b} + \bm{c}) = (\bm{a} + \bm{b}) + \bm{c} \quad \text{（結合法則）} \tag{4.2}$$

$$\alpha(\bm{a} + \bm{b}) = \alpha\bm{a} + \alpha\bm{b},\ (\alpha + \beta)\bm{a} = (\alpha\bm{a}) + (\beta\bm{a}) \quad \text{（分配法則）} \tag{4.3}$$

● **より理解を深めるために** ●

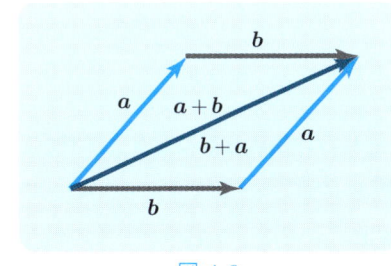

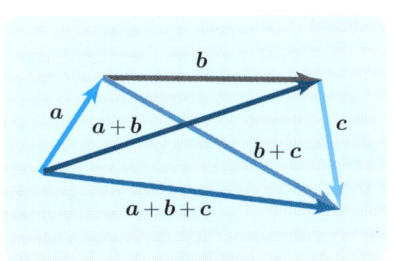

図 4.6

図 4.7

（解答は章末の p.122 以降に掲載されています．）

問 4.1　右の正六角形 ABCDEF において，$\overrightarrow{AF} = \bm{a}$, $\overrightarrow{AB} = \bm{b}$ とする．

(1) $\overrightarrow{FE}$, $\overrightarrow{BE}$, $\overrightarrow{AE}$ を $\bm{a}$, $\bm{b}$ を用いて表しなさい．
(2) $2\bm{a} + \bm{b}$ の始点を B にすると終点はどこになるか．
(3) $2\bm{b}$ の始点を F にすると終点はどこになるか．
(4) $\bm{b} - \bm{a}$ の始点を E にすると終点はどこになるか．

図 4.8

---

* ゼロは英語．零はれいと読む．

4.3　ベクトルの内積

2つのベクトルに対する「積」としてどのようなものを考えたらいいだろうか．

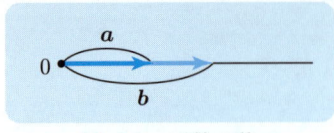

図 4.9　正数の積

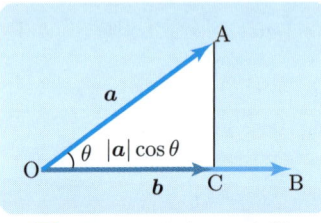

図 4.10　ベクトルの内積

我々が一番始めに学ぶ「かけ算」は2つの正の数の積であった．これを数直線の上でみれば（⇨図 4.9），「同じ向きをもつベクトルの積」とみることができる．2つのベクトルの向きが異なる場合にも「同じ向きとみる」見方を考えたい．

ベクトル a, b の始点を重ね，そこにできる角の大きさを θ とする．a を「b の向きにみる」と，その大きさは $|a|\cos\theta$ となる*．このようにして「同じ向きにそろえて」積をとることを考える．

内積　2つのベクトル a, b に対して，それらの始点を重ねたときにできる角の大きさを θ とするとき，a, b の **内積** $a \cdot b$ を

$$a \cdot b = |a||b|\cos\theta \tag{4.4}$$

と定める．

内積の計算について次の法則が成り立つ (a, b はベクトル，α は定数)．

$$a \cdot b = b \cdot a \quad (交換法則) \tag{4.5}$$
$$a \cdot (b + c) = a \cdot b + a \cdot c \quad (分配法則) \tag{4.6}$$
$$a \cdot (\alpha b) = \alpha(a \cdot b) \tag{4.7}$$

交換法則 (4.5) は定義の式(4.4) からすぐにわかる．分配法則(4.6) については次の図 4.11 で考えよう．

---

* 図 4.10 におけるベクトル $\overrightarrow{OC}$ を，a の b 方向への**正射影**という．

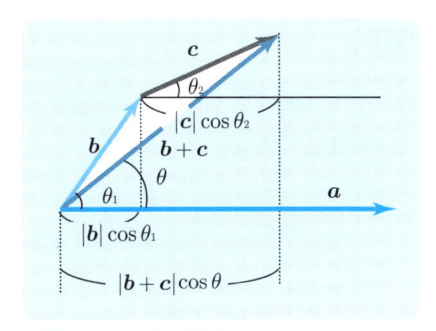

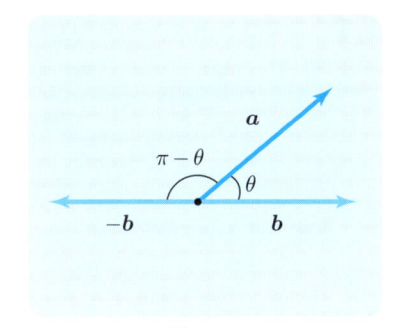

図 4.11　分配法則
$$a \cdot (b + c) = a \cdot b + a \cdot c$$

図 4.12

(4.7) は $\alpha \geqq 0$ のときには(4.4)からわかる．$\alpha = -1$ の場合は上の図 4.12 から，$\cos(\pi - \theta) = -\cos\theta$ であることに注意すれば成り立つことがわかるので，これらを組み合わせてすべての場合に(4.7)が成り立つことがわかるだろう．

さらに次の性質が知られている．

定理 4.1 (シュヴァルツの不等式)　どんなベクトル a, b に対しても，$|a \cdot b| \leqq |a|\,|b|$ が成り立つ．

[証明]　どんな実数 t に対しても $|ta + b|^2 \geqq 0$ である．内積を使って表せば，
$$|ta + b|^2 = (ta + b) \cdot (ta + b) = t^2 a \cdot a + 2t a \cdot b + b \cdot b$$
$$= t^2 |a|^2 + 2t a \cdot b + |b|^2 \geqq 0$$

これが常に成り立つから t の 2 次式とみたときの判別式が $(2a \cdot b)^2 - 4|a|^2|b|^2 \leqq 0$ となる．これから $|a \cdot b| \leqq |a|\,|b|$ がわかる．　□

問 4.2　次の等式を証明しなさい．
(1)　$|a + b| \leqq |a| + |b|$
(2)　$|a - b|^2 = |a|^2 + |b|^2 - 2|a|\,|b|\cos\theta$　(θ は a, b のなす角)
(3)　$|a + b|^2 + |a - b|^2 = 2(|a|^2 + |b|^2)$
(4)　$(a + b) \cdot (c + d) = a \cdot c + a \cdot d + b \cdot c + b \cdot d$
(5)　$(a + b) \cdot (a - b) = |a|^2 - |b|^2$

4.4 ベクトルの一次独立・一次従属

一次独立・一次従属　ベクトルの組 $a_1, a_2, \cdots, a_n$ が**一次従属**であるとは，

$$\begin{cases} C_1 a_1 + C_2 a_2 + \cdots + C_n a_n = 0 \quad \text{が成り立つ} \\ C_1 = C_2 = \cdots = C_n = 0 \quad \text{ではない} \end{cases} \tag{4.8}$$

という2つの条件が成り立つように定数 $C_1, C_2, \cdots, C_n$ を見つけることができることである[*]（⇨ 図 4.13）．

一次従属でないベクトルの組を**一次独立**であるという[*]．

特に2つのベクトルについて考えよう．2つのベクトル a, b が一次従属であるとは，

$$\alpha a + \beta b = 0, \quad \alpha \neq 0 \text{ または } \beta \neq 0$$

となるような実数 α, β を見つけることができることである．a も b も 0 でなく，α も β も 0 でないならば $b = \dfrac{\alpha}{\beta} a$ となるから $a /\!/ b$ であることがわかる[**]．

> 2つのベクトルが一次従属であるとは，それらが平行なことである．

基底　一般に，一次独立な n 個のベクトルの集まり $a_1, a_2, \cdots, a_n$ に対して，どんなベクトル x も

$$x = c_1 a_1 + c_2 a_2 + \cdots + c_n a_n \quad (c_1, c_2, \cdots, c_n \text{ は定数}) \tag{4.9}$$

と表すことができるとき，このベクトルの集まり $\{a_1, a_2, \cdots, a_n\}$ は**基底**であるという．1つの点 O（原点）と1組の基底 $\{a_1, a_2, \cdots, a_n\}$ が与えられたとき，組 $\{O; a_1, a_2, \cdots, a_n\}$ を**座標系**という．このとき各ベクトル $a_1, a_2, \cdots, a_n$ を**基本ベクトル**と呼ぶ．

位置ベクトル　座標系が定められているとき，各ベクトルの始点を原点に取ることにすれば，ベクトルとその終点が1対1に対応する．このベクトルをその点の**位置ベクトル**という（⇨ 図 4.14）．

---

[*]　この節では図形的なベクトルを扱うが，第1章で学んだ行ベクトル，列ベクトルについても，全く同じく定義ができる．

[**]　もし，$\alpha = 0$ かつ $\beta \neq 0$ となるように見つけられたら，$\beta b = 0$, すなわち $b = 0$ であるとわかる．同様に $\alpha \neq 0, \beta = 0$ なら $a = 0$．

4.4 ベクトルの一次独立・一次従属

● **より理解を深めるために**

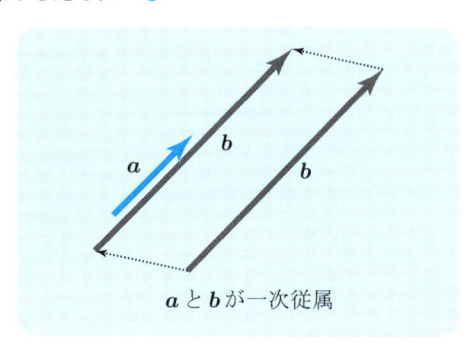

図 4.13

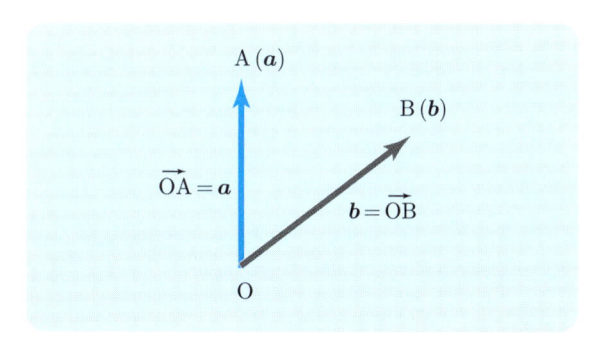

a と b が一次従属

図 4.14

問 4.3 2 つのベクトル a, b が一次独立であるとき，
(1) $a - b$ と $a + b$ は一次独立になることを証明しなさい．
(2) $a + 3b$ と $2a + kb$ が一次従属になるような k の値を求めなさい．

問 4.4 3 つのベクトル a, b, c のうちどれか 2 つが一次従属ならば，その 3 つのベクトルは一次従属になることを証明しなさい．

問 4.5 次の命題は正しいかどうか判定しなさい．
(1) a と b が一次独立で，b と c が一次独立ならば a と c も一次独立である．
(2) a と b が一次従属で，b と c が一次従属ならば a と c も一次従属である．
(3) a と b が一次独立で，b と c が一次従属ならば a と c も一次独立である．

4.5 平面上のベクトル

1つの平面上にあるベクトルについて考えてみよう. $\boldsymbol{0}$ でない, 互いに平行でない3つのベクトル $\boldsymbol{a}, \boldsymbol{b}, \boldsymbol{c}$ について考える*.

平行移動してこれらの始点を重ねてみると, 右の図のように

$$\boldsymbol{c} = \alpha \boldsymbol{a} + \beta \boldsymbol{b} \quad (\alpha, \beta \text{ は実数}) \quad (4.10)$$

と表されることがわかる. したがって, この3つのベクトルは一次従属となる.

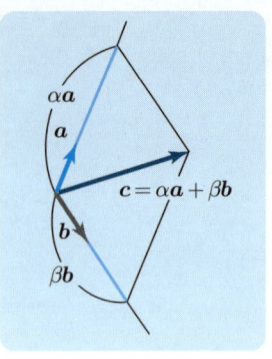

図 4.15 3つのベクトル

> 1つの平面上にある3つのベクトルは必ず一次従属である.

視点をかえてみよう. 平面上の一次独立な2つのベクトル $\boldsymbol{a}_1, \boldsymbol{a}_2$ に対して, 同じ平面上のベクトル $\boldsymbol{x}$ を考えると, それがどんなものであっても実数 $\alpha_1, \alpha_2, \alpha_3$ をうまく探して $\alpha_1 \boldsymbol{a}_1 + \alpha_2 \boldsymbol{a}_2 + \alpha_3 \boldsymbol{x} = \boldsymbol{0}$ とすることができる. しかもこのとき $\alpha_3 \neq 0$ でなければならない**. そこで両辺を α_3 で割ると

$$\boldsymbol{x} = c_1 \boldsymbol{a}_1 + c_2 \boldsymbol{a}_2 \quad (c_1, c_2 \text{ は実数}) \quad (4.11)$$

と表されることがわかる.

これまでの議論を合わせると, 1つの平面上のベクトルに話を限定したとき,

> 平面上の一次独立な2つのベクトルの組は, 常に基底になる

ということがわかる.

---

* 3つのうちどの2つをとっても平行ではない.

** もし, $\alpha_3 = 0$ であると仮定すると $\boldsymbol{a}_1, \boldsymbol{a}_2$ が一次独立であることに反する. このような背理法は慣れないと難しいが, 頑張って考えてみよう.

4.5 平面上のベクトル

正規直交基底　平面上，長さが等しく直角に交わる 2 つのベクトル e_1, e_2 による基底を，**正規直交基底**という[*]．正規直交系を 1 つ決めたとき，その基本ベクトルの長さを 1 と定める[**]．次のことがわかる．

> **定理 4.2**　平面上に正規直交基底 $\{e_1, e_2\}$ が定められているとき，平面上のどんなベクトル x も
> $$x = x_1 e_1 + x_2 e_2, \quad (x_1 = x \cdot e_1, \ x_2 = x \cdot e_2) \tag{4.12}$$
> と表すことができる．

[証明]　定義から $e_1 \cdot e_1 = e_2 \cdot e_2 = 1,\ e_1 \cdot e_2 = e_2 \cdot e_1 = 0$ となる．$\{e_1, e_2\}$ は基底なので，$x = x_1 e_1 + x_2 e_2$ と表されるが，$x \cdot e_1 = (x_1 e_1 + x_2 e_2) \cdot e_1 = x_1$, $x \cdot e_2 = (x_1 e_1 + x_2 e_2) \cdot e_2 = x_2$ となる．

このときの係数 x_1, x_2 をそれぞれベクトル x の e_1 成分，e_2 成分と呼ぶ．これを用いて平面上の図形的なベクトル x を**数ベクトル** (x_1, x_2) で表すことができる[***]．

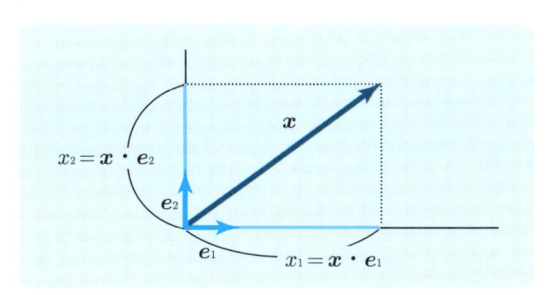

図 4.16　正規直交基底と成分

さらに原点を定めれば，その位置ベクトルとの対応を通じて平面上の点と数ベクトルが対応する．この数ベクトルをその点の**座標**という．

---

[*]　基底の 2 つのベクトルは普通，始点を重ねたとき終点が右にある方から順に e_1, e_2 とされる．このような順は**右手系**と呼ばれる．p.108 参照．

[**]　長さが定義されている場合には，長さ 1 の直交するベクトルを正規直交基底という．

[***]　ここでは行ベクトルで表したが，列ベクトルでもよい．

4.6 空間上のベクトル

平面のときと同様に，空間において $\mathbf{0}$ でない 2 つのベクトルが一次従属であるとき，それらは平行である．$\mathbf{0}$ でない 3 つのベクトルが一次従属であることについて考えよう．定義から $\boldsymbol{a}, \boldsymbol{b}, \boldsymbol{c}$ が一次従属であるとは

$$\alpha \boldsymbol{a} + \beta \boldsymbol{b} + \gamma \boldsymbol{c} = \mathbf{0} \tag{4.13}$$

となる係数の組 α, β, γ を，どれかは 0 にならないように探すことができる，ということである．$\gamma \neq 0$ ならば (4.13) を変形して

$$\boldsymbol{c} = \alpha' \boldsymbol{a} + \beta' \boldsymbol{b} \tag{4.14}$$

が得られる $\left(\alpha' = -\dfrac{\alpha}{\gamma},\ \beta' = -\dfrac{\beta}{\gamma}\right)$．よって $\boldsymbol{c}$ は $\boldsymbol{a}, \boldsymbol{b}$ を含む平面と平行であることがわかる ($\Rightarrow$ 図 4.17)．平行移動してやれば，

> 空間内の 3 つのベクトルが一次従属とは，同一の平面上にあること

といえる．さらに平面上のベクトルの場合から類推できるように

> 空間内にある 4 つのベクトルは必ず一次従属である
> 空間内の一次独立な 3 つのベクトルの組は基底になる

こともわかる．

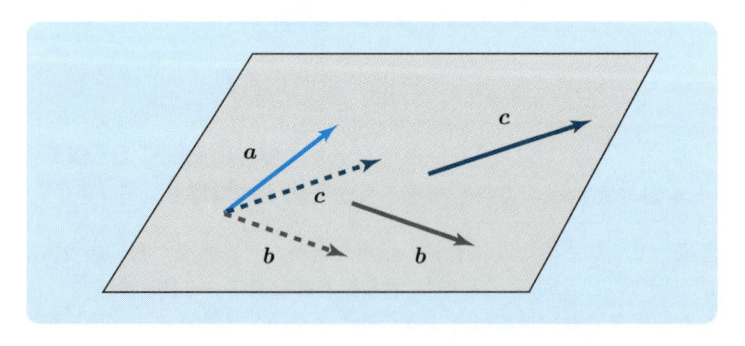

図 4.17　3 つのベクトルの一次従属性

4.6 空間上のベクトル

このことから次のように定める．

正規直交基底 空間において，長さが等しく，どの 2 つをとっても互いに直角に交わる 3 つのベクトルの組 $\{e_1, e_2, e_3\}$ は基底になる．これを，**正規直交基底**という．平面の場合と同様に次のことがわかる．

> **定理 4.3** 空間に正規直交基底 $\{e_1, e_2, e_3\}$ が定められているとき，空間のどんなベクトル x も
> $$x = x_1 e_1 + x_2 e_2 + x_3 e_3, \quad (x_1 = x \cdot e_1, \ x_2 = x \cdot e_2, \ x_3 = x \cdot e_3) \tag{4.15}$$
> と表すことができる．

このときの係数 x_1, x_2, x_3 をそれぞれベクトル x の e_1 成分，e_2 成分，e_3 成分と呼ぶ．これを用いて空間内の図形的なベクトル x を**数ベクトル** (x_1, x_2, x_3) で表すことができる．

右手系，左手系 正規直交基底の 3 つの基本ベクトルについて，その並べ方は 2 通りある．

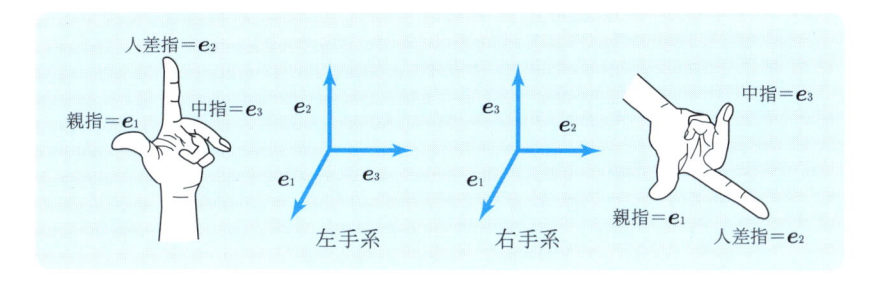

図 4.18 右手系と左手系

多くの場合，右手系が使われる．

問 4.6 ベクトルの組 a, b, c が一次独立であるとき，次を示しなさい．
(1) ベクトルの組 $a + b, a - b, c$ は一次独立である．
(2) ベクトルの組 $a + b, b + c, c - a$ は一次従属である

4.7 図形的なベクトルと数ベクトルの演算

平面ベクトルの正規直交基底 $\{e_1, e_2\}$ を用いてベクトル x, y が

$$x = x_1 e_1 + x_2 e_2, \quad y = y_1 e_1 + y_2 e_2$$

と表されているとする．このとき実数 α, β に対して

$$\begin{aligned} \alpha x + \beta y &= \alpha(x_1 e_1 + x_2 e_2) + \beta(y_1 e_1 + y_2 e_2) \\ &= (\alpha x_1 + \beta y_1) e_1 + (\alpha x_2 + \beta y_2) e_2 \end{aligned} \quad (4.16)$$

である．一方，ベクトル x, y に対応する数ベクトルは $[\ x_1 \ \ x_2\ ], [\ y_1 \ \ y_2\ ]$ であるが，これらについて

$$\alpha [\ x_1 \ \ x_2\ ] + \beta [\ y_1 \ \ y_2\ ] = [\ \alpha x_1 + \beta y_1 \ \ \alpha x_1 + \beta x_2\ ] \quad (4.17)$$

となることから，ベクトルの加法や実数倍について，図形的な定義と数ベクトル (行列) としての定義が一致していることがわかる．

また $e_1 \cdot e_1 = e_2 \cdot e_2 = 1, e_1 \cdot e_2 = 0$ となるので，内積の計算法則 (p.102) から

$$\begin{aligned} x \cdot y &= (x_1 e_1 + x_2 e_2) \cdot (y_1 e_1 + y_2 e_2) \\ &= x_1 y_1 (e_1 \cdot e_1) + (x_1 y_2 + x_2 y_1)(e_1 \cdot e_2) + x_2 y_2 (e_2 \cdot e_2) \\ &= x_1 y_1 + x_2 y_2 \\ &= [\ x_1 \ \ x_2\ ] \begin{bmatrix} y_1 \\ y_2 \end{bmatrix} \end{aligned} \quad (4.18)$$

となり，ベクトルの内積の定義と行列の積の定義が対応していることもわかる．

このことから 2 つのベクトル $x = (x_1, x_2), y = (y_1, y_2)$ の内積を

$$x \cdot y = (x_1, x_2) \cdot (y_1, y_2) = x_1 y_1 + x_2 y_2 \quad (4.19)$$

と表すことができる*．

---

* 高校ではこのような表し方で学んだ人も多いだろう．

空間ベクトルの場合にも同様である．$\{e_1, e_2, e_3\}$ を空間の正規直交基底とし，
$$x = x_1 e_1 + x_2 e_2 + x_3 e_3 (= [\ x_1\ \ x_2\ \ x_3\ ]),$$
$$y = y_1 e_1 + y_2 e_2 + y_3 e_3 (= [\ y_1\ \ y_2\ \ y_3\ ])$$
とおくと，実数 α, β に対して
$$\begin{aligned}
\alpha x + \beta y &= \alpha(x_1 e_1 + x_2 e_2 + x_3 e_3) + \beta(y_1 e_1 + y_2 e_2 + y_3 e_3) \\
&= (\alpha x_1 + \beta y_1) e_1 + (\alpha x_2 + \beta y_2) e_2 + (\alpha x_3 + \beta y_3) e_3 \\
&= [\ \alpha x_1 + \beta y_1\ \ \alpha x_2 + \beta y_2\ \ \alpha x_3 + \beta y_3\ ] \\
&= \alpha[\ x_1\ \ x_2\ \ x_3\ ] + \beta[\ y_1\ \ y_2\ \ y_3\ ] \\
x \cdot y &= (x_1 e_1 + x_2 e_2 + x_3 e_3) \cdot (y_1 e_1 + y_2 e_2 + y_3 e_3) \\
&= x_1 y_1 (e_1 \cdot e_1) + x_2 y_2 (e_2 \cdot e_2) + x_3 y_3 (e_3 \cdot e_3) \\
&\quad + (x_1 y_2 + x_2 y_1)(e_1 \cdot e_2) + (x_2 y_3 + x_3 y_2)(e_2 \cdot e_3) \\
&\quad + (x_3 y_1 + x_1 y_3)(e_3 \cdot e_1)
\end{aligned} \quad (4.20)$$

すなわち
$$x \cdot y = (x_1, x_2, x_3) \cdot (y_1, y_2, y_3) = x_1 y_1 + x_2 y_2 + x_3 y_3 \quad (4.21)$$
となって，図形的なベクトルと数ベクトルが対応していることがわかる．

図形的なベクトルと数ベクトルは同等のものであるとみなしてよい．

このことを利用して，図形の問題をベクトルで表し，和・差，定数倍，内積などの代数的な計算を用いて解くことも広く行われている[*]．

問 **4.7** ベクトル a, b, c について，
(1) 等式 $|b-a|^2 + |c-a|^2 = \dfrac{1}{2}(|b-c|^2 + |b+c-2a|^2)$ が成り立つことを証明しなさい．
(2) a, b, c の始点を定点 O に重ねたときの各ベクトルの終点を A, B, C とするとき，上の等式は何を意味するか述べなさい．

---

[*] いわゆる座標幾何学というような分野である．

4.8 ベクトルの一次独立性の判定法

一般に n 次の数ベクトルの $n+1$ 個以上の組は必ず一次従属であることが知られている (⇨ 注意 4.1 参照).

n 個の n 次の数ベクトルの一次独立性については次の判定法が有効である.

> **定理 4.4** n 次の数ベクトル (列ベクトル) $\boldsymbol{x}_1, \boldsymbol{x}_2, \cdots, \boldsymbol{x}_n$ に対して,これらを並べて作った n 次行列式 $|A| = |\boldsymbol{x}_1, \boldsymbol{x}_2, \cdots, \boldsymbol{x}_n|$ の値が 0 であればこれらのベクトルは一次従属,0 でなければこれらのベクトルは一次独立である.

[証明の概略] $|A|$ の第 1 列について掃き出すことによって定理 3.4 (p.72) のように実数 a_{11},$n-1$ 次行列式 $|A'|$ を用いて $|A| = a_{11}|A'|$ と変形できる.この操作は定数 $c_1, c_2, \cdots, c_n$ を用いて $a_{11}\boldsymbol{e}_1 = c_1\boldsymbol{x}_1 + c_2\boldsymbol{x}_2 + c_3\boldsymbol{x}_3 + \cdots + c_n\boldsymbol{x}_n$ ($\boldsymbol{e}_1$ は第 1 成分が 1 でそれ以外が 0) と表すことができると主張している.

もし $a_{11} = 0$ ならば $\boldsymbol{x}_1, \boldsymbol{x}_2, \cdots, \boldsymbol{x}_n$ は 一次従属になり,$|A| = 0$ になる.

$a_{11} \neq 0$ のとき,さらに第 1 列を適当に定数倍して第 2 列以降に加えて 1 行 2 列を 0 にし,次に第 2 列目を,第 3 列目以降を用いて掃き出すことによって (⇨ 注意 4.2 参照)

$$|A| = \begin{vmatrix} a_{11} & 0 & \cdots & 0 \\ 0 & a'_{22} & \cdots & \cdot \\ \vdots & * & \ddots & \vdots \\ 0 & * & \cdots & \cdot \end{vmatrix} = \begin{vmatrix} a_{11} & 0 & \cdots & 0 \\ 0 & a_{22} & \cdots & \cdot \\ \vdots & 0 & \ddots & \vdots \\ 0 & 0 & \cdots & \cdot \end{vmatrix}$$

と変形できる.このことは,少なくとも 1 つは 0 でない定数 $c'_1, c'_2, \cdots, c'_n$ を用いて $a_{22}\boldsymbol{e}_2 = c'_1\boldsymbol{x}_1 + c'_2\boldsymbol{x}_2 + c'_3\boldsymbol{x}_3 + \cdots + c'_n\boldsymbol{x}_n$ ($\boldsymbol{e}_2$ は第 2 成分が 1) となると主張している.

もし $a_{22} = 0$ ならば $\boldsymbol{x}_1, \boldsymbol{x}_2, \cdots, \boldsymbol{x}_n$ は 一次従属になり,$|A| = 0$ になる.

以下同様に繰り返して,対角線に並ぶ成分 a_{ii} ($i = 1, 2, \cdots, n$) を求める.これらの中に 1 つでも 0 があれば $|A| = 0$ となり,$\{\boldsymbol{x}_i\}_{i=1}^n$ は 一次従属となる.a_{ii} がどれも 0 にならなければ,その積が $|A|(\neq 0)$ となる.このときこれらのベクトルは一次従属でない,すなわち 一次独立になることもわかる. □

4.8 ベクトルの一次独立性の判定法

● より理解を深めるために ●

注意 4.1 $n=2,3$ の場合については p.106, p.108.

注意 4.2 第1行目は常に 0 となるので気にしなくてよい.

例 4.1 次のベクトルの組が一次独立であるか判定しなさい.

(1) $\begin{bmatrix} 2 \\ 3 \\ 4 \end{bmatrix}, \begin{bmatrix} -3 \\ 2 \\ -1 \end{bmatrix}, \begin{bmatrix} 1 \\ -1 \\ 1 \end{bmatrix}$ (2) $\begin{bmatrix} 3 \\ 1 \\ 0 \\ 2 \end{bmatrix}, \begin{bmatrix} 1 \\ 0 \\ -1 \\ 4 \end{bmatrix}, \begin{bmatrix} 6 \\ 1 \\ -1 \\ 11 \end{bmatrix}, \begin{bmatrix} 2 \\ 0 \\ 0 \\ 5 \end{bmatrix}$ □

[解] 定理 4.4 を用いる. $\begin{vmatrix} 2 & -3 & 1 \\ 3 & 2 & -1 \\ 4 & -1 & 1 \end{vmatrix} = 2\times 1 + 2\times 2 + 4\times 1 = 10 \neq 0$

から, (1) の組は一次独立 (例 3.14 参照).

$$\begin{vmatrix} 3 & 1 & 6 & 2 \\ 1 & 0 & 1 & 0 \\ 0 & -1 & -1 & 0 \\ 2 & 4 & 11 & 5 \end{vmatrix} = \begin{vmatrix} 3 & 1 & 3 & 2 \\ 1 & 0 & 0 & 0 \\ 0 & -1 & -1 & 0 \\ 2 & 4 & 9 & 5 \end{vmatrix}$$

$$= (-1)^{2+1} \begin{vmatrix} 1 & 3 & 2 \\ -1 & -1 & 0 \\ 4 & 9 & 5 \end{vmatrix}$$

となって, (2) の組は一次従属となることがわかる. ■

問 4.8 次のベクトルの組が一次独立であるかどうか判定しなさい.

(1) $\begin{bmatrix} 1 \\ -3 \\ 2 \\ 4 \end{bmatrix}, \begin{bmatrix} -2 \\ 1 \\ -1 \\ -2 \end{bmatrix}, \begin{bmatrix} 5 \\ 2 \\ 1 \\ -3 \end{bmatrix}, \begin{bmatrix} 0 \\ -3 \\ 3 \\ 1 \end{bmatrix}$ (2) $\begin{bmatrix} 2 \\ 1 \\ 3 \\ 0 \end{bmatrix}, \begin{bmatrix} 1 \\ -2 \\ 0 \\ 3 \end{bmatrix}, \begin{bmatrix} 0 \\ -1 \\ 1 \\ 1 \end{bmatrix}, \begin{bmatrix} 3 \\ 1 \\ 1 \\ 0 \end{bmatrix}$

(3) $\begin{bmatrix} 1 \\ -1 \\ 2 \\ 3 \end{bmatrix}, \begin{bmatrix} 2 \\ 1 \\ -1 \\ 6 \end{bmatrix}, \begin{bmatrix} 0 \\ -1 \\ 2 \\ -1 \end{bmatrix}, \begin{bmatrix} -2 \\ 0 \\ -4 \\ 2 \end{bmatrix}$ (4) $\begin{bmatrix} -2 \\ 1 \\ 1 \\ -2 \end{bmatrix}, \begin{bmatrix} -1 \\ 0 \\ 1 \\ -1 \end{bmatrix}, \begin{bmatrix} 3 \\ 1 \\ -1 \\ 1 \end{bmatrix}, \begin{bmatrix} 1 \\ 0 \\ -1 \\ 2 \end{bmatrix}$

4.9 ベクトル空間

n 次元 ユークリッド空間　これまで，座標系を 1 つ決めることによって平面上のベクトルは 2 次の数ベクトルと，空間内のベクトルは 3 次の数ベクトルと同一視できることをみてきた．

一般に，$n = 1, 2, 3, \cdots$ に対して，n 次の数ベクトル全体の集まりを $\mathbb{R}^n$ と表し，**n 次元ユークリッド空間**と呼ぶ*．次のことがわかる．

(1) n 次の数ベクトルと n 次の数ベクトルを加えるとまた n 次の数ベクトルとなる (このことを $\mathbb{R}^n$ は**加法について閉じている**という)．
(2) n 次の数ベクトルを実数倍するとまた n 次の数ベクトルとなる (このことを $\mathbb{R}^n$ は**実数倍について閉じている**という)．

この概念は次のようにもっと一般化される．

ベクトル空間　集合 X が「演算 "+"」，「実数倍」に閉じており，X の要素 $\boldsymbol{x}, \boldsymbol{y}, \boldsymbol{z}$, 実数 α, β に対して常に

① $\boldsymbol{x} + \boldsymbol{y} = \boldsymbol{y} + \boldsymbol{x}$　(交換法則)
② $\boldsymbol{x} + (\boldsymbol{y} + \boldsymbol{z}) = (\boldsymbol{x} + \boldsymbol{y}) + \boldsymbol{z}$　(結合法則)
③ X に特別な要素 $\boldsymbol{0}$ があって，$\boldsymbol{x} + \boldsymbol{0} = \boldsymbol{0} + \boldsymbol{x} = \boldsymbol{x}$　(零元の存在)
④ $\boldsymbol{x} + \boldsymbol{x}' = \boldsymbol{x}' + \boldsymbol{x} = \boldsymbol{0}$ を満たす $\boldsymbol{x}'$ がある．この $\boldsymbol{x}'$ を $-\boldsymbol{x}$ と表す．(負元の存在)
⑤ $(\alpha + \beta)\boldsymbol{x} = \alpha\boldsymbol{x} + \beta\boldsymbol{x}$　(分配法則)
⑥ $\alpha(\boldsymbol{x} + \boldsymbol{y}) = \alpha\boldsymbol{x} + \alpha\boldsymbol{y}$　(分配法則)
⑦ $1\boldsymbol{x} = \boldsymbol{x}$　(単位元の存在)

が成り立つとき，X は**ベクトル空間**または**線形空間**であるという．ベクトル空間の要素を単にベクトルと呼ぶ**．

---

*　状況に応じて列ベクトルを使ったり行ベクトルを使ったりするが，どちらにせよ「n 個の実数の組」を考えているということである．

**　4.1 節では「矢印」をベクトルと呼んだが，ここではさらに一般の場合を考えている．

4.9 ベクトル空間

● **より理解を深めるために** ●

例 4.2 $m \times n$ 型行列全体の集合 $M(m,n)$ はベクトル空間である.

例 4.3 文字 x の 3 次以下の多項式全体の集合

$$\mathbb{P}_3 = \{ax^3 + bx^2 + cx + d : a, b, c, d \text{ は実数}\} \tag{4.22}$$

はベクトル空間である.

実際, 3 次 (以下) の多項式 $\boldsymbol{p}_1 = a_1 x^3 + b_1 x^2 + c_1 x + d_1$, $\boldsymbol{p}_2 = a_2 x^3 + b_2 x^2 + c_2 x + d_2$ および実数 λ に対して

$$\begin{aligned}
\boldsymbol{p}_1 + \boldsymbol{p}_2 &= (a_1 x^3 + b_1 x^2 + c_1 x + d_1) + (a_2 x^3 + b_2 x^2 + c_2 x + d_2) \\
&= (a_1 + a_2) x^3 + (b_1 + b_2) x^2 + (c_1 + c_2) x + (d_1 + d_2) \\
\lambda \boldsymbol{p}_1 &= \lambda (a_1 x^3 + b_1 x^2 + c_1 x + d_1) \\
&= \lambda a_1 x^3 + \lambda b_1 x^2 + \lambda c_1 x + \lambda d_1
\end{aligned}$$

はどちらも 3 次 (以下) の多項式となることがわかる.

例 4.4 区間 $[a,b]$ で定義された連続な関数全体の集合はベクトル空間である.

実際, どの解析概論のテキストにも $[a,b]$ で定義された連続な関数 f, g および実数 α, β に対して, 関数 $\alpha f + \beta g$ は $[a,b]$ 上の連続関数となることが丁寧に説明してあるだろう.

次元 一般のベクトル空間において, 一次独立なベクトルの組のうち最大個数のものがあるとき, そのベクトルの個数をこのベクトル空間の**次元**と呼ぶ. どんな個数の一次独立なベクトルの組も探すことができるとき, そのベクトル空間は**無限次元**であるという. 上の 2 つはどちらも無限次元のベクトル空間の例である. ベクトル空間に基底があるとき, そのベクトル空間の次元は, 基底に含まれるベクトルの個数に等しいことが知られている.

〈補足〉 本書ではベクトル空間として, 加法と実数倍について閉じるものを考えている. ところが加法と複素数倍について閉じるようなベクトル空間を考えることもある. このようなベクトル空間を特に**複素ベクトル空間**と呼ぶ. これに対し本書で扱うものを**実ベクトル空間**と呼ぶ.

4.10 部 分 空 間

ベクトル空間 X に対し，その部分集合で，加法と実数倍について閉じているものを X の **部分空間** という．

X 自身，また零元のみからなる集合 $\{\mathbf{0}\}$ も X の部分空間になることは明らかである．さらに具体的な例を考えてみよう．

例 4.5 ($\mathbb{R}^2$ の部分空間) 　Y が $\mathbb{R}^2$ の部分空間であるとしよう．ベクトル $\boldsymbol{a} = (a_1, a_2) \neq \mathbf{0}$ が Y に含まれているとき，Y は実数倍について閉じているから，どんな実数 α に対しても $\alpha\boldsymbol{a} = (\alpha a_1, \alpha a_2)$ は Y に含まれる．平面上の点として考えれば，Y は，点 (a_1, a_2) と原点を通る直線を含むことがわかる．逆にこの直線自体は加法と実数倍について閉じることから，これが $\mathbb{R}^2$ の1つの部分空間になることがわかる．さらに原点を通る直線は，それ自体が $\mathbb{R}^1$ と同等であるとみることもできる．

次に Y が点 (a_1, a_2) と原点を通る直線を含み，さらにこの直線上の点でない点 (b_1, b_2) を含むとしよう．すなわちベクトル $\boldsymbol{b} = (b_1, b_2)$ が，$\boldsymbol{b} = c\boldsymbol{a}$ (c は実数) とは表せないということである．言い換えれば，$\boldsymbol{a}$ と $\boldsymbol{b}$ は一次独立である．ところが $\mathbb{R}^2$ は2次元だから，組 $\{\boldsymbol{a}, \boldsymbol{b}\}$ は $\mathbb{R}^2$ の基底になる．すなわち $Y = \mathbb{R}^2$ となってしまう．以上の考察から $\mathbb{R}^2$ の部分空間は，

$$\{\mathbf{0}\},\ 原点を通る直線\ (\sim \mathbb{R}^1),\ \mathbb{R}^2\ 自身$$

の3種類だけであることがわかる．

例 4.6 ($\mathbb{R}^3$ の部分空間) 　$\mathbb{R}^2$ の場合と同様に考えれば，$\mathbb{R}^3$ の部分空間は，

$$\{\mathbf{0}\},\ 原点を通る直線\ (\sim \mathbb{R}^1),\ 原点を通る平面\ (\sim \mathbb{R}^2),\ \mathbb{R}^3\ 自身$$

の4種類だけであることがわかる．

さらに一般に，$\mathbb{R}^n$ の部分空間は，$\{\mathbf{0}\}$，原点を通る直線，原点を通る平面[*]，$\cdots$，$\mathbb{R}^n$ 自身，という $n+1$ 種類あることがわかる．

---

[*] $n \geq 4$ のときにはここでいう「直線」，「平面」を具体的に描くことはできないが，「直線であるとみなすことができる」，「$\mathbb{R}^2$ と同じであるとみなすことができるものを平面と呼ぶ」という立場である．

4.10 部分空間

● **より理解を深めるために** ●

例 4.7 次の集合は，n 次正方行列全体の集合 $M(n)$ の部分空間である．
(1) n 次対称行列全体の集合 $S(n)$
(2) n 次交代行列全体の集合 $SS(n)$

n 次正方行列 $A = [a_{ij}]$, $B = [b_{ij}]$ が対称行列であるとは各 $i, j = 1, 2, \cdots, n$ に対して $a_{ij} = a_{ji}$, $b_{ij} = b_{ji}$ が成り立つことである．

ところが $C = A + B = [c_{ij}]$ とすれば，各 $i, j = 1, 2, \cdots, n$ に対して
$$c_{ji} = a_{ji} + b_{ji} = a_{ij} + b_{ij} = c_{ij}$$
が成り立つので，C は対称行列．したがって $S(n)$ は加法について閉じている．

また定数 α に対して $D = \alpha A = [d_{ij}]$ とすると $d_{ji} = \alpha a_{ji} = \alpha a_{ij} = d_{ij}$ なので，$S(n)$ が定数倍について閉じていることもわかる．したがって $S(n)$ はベクトル空間になり，$M(n)$ の部分空間になることもわかる．

$SS(n)$ についても同様である．

例 4.8 文字 x の 3 次以下の多項式全体の集合 $\mathbb{P}_3$ は文字 x の 4 次以下の多項式全体の集合 $\mathbb{P}_4$ の部分空間になる．

例 4.9 区間 (a, b) で定義された連続な関数全体の集合を $C(a, b)$ 区間 (a, b) で定義された微分可能な関数全体の集合を $C^1(a, b)$ とするとき，$C(a, b)$ は $C^1(a, b)$ の部分空間となる．

実際，ある点で微分可能な関数は，その点で連続である．したがって $C^1(a, b) \subset C(a, b)$．また関数の和の微分，関数の定数倍の微分に関する公式から，$C^1(a, b)$ がベクトル空間になることもわかる．詳しくは解析概論の教科書をみてみよう．

例 4.10 有界な数列全体の集合 ℓ^∞ はベクトル空間である．収束する数列全体の集合 ℓ_0^∞ は ℓ^∞ の部分空間であり，和が絶対収束する数列全体の集合 ℓ^1 は ℓ^∞ の部分空間である．

実際，2 つの有界な数列の和 (各項を加えてできる数列) と有界な数列の定数倍 (各項を定数倍して出来る巣列) はどちらも有界であるから，ℓ^∞ がベクトル空間であるとわかる．収束する数列は有界であるから ℓ_0^∞ は ℓ^∞ の部分集合であり，和と定数倍に閉じていることもわかる．和が収束する数列はそれ自体も収束することから，ℓ^1 は ℓ_0^∞ の部分集合となり，ベクトル空間になることもわかる．これも詳しくは解析概論の教科書をみてみよう．

演 習 問 題

例題 4.1 ──────────────────────── ベクトルの内積 ─

$a+b+c=0, a\cdot b=b\cdot c=-1, |a|=|b|$ とする.
(1) $|a|=|c|$ であることを示しなさい.
(2) $a\cdot c$ を求めなさい.

[解答] (1) $a=-b-c, c=-a-b$ であるから
$$|a|^2=|b+c|^2=|b|^2+2b\cdot c+|c|^2 \quad\text{(a)}$$
$$|c|^2=|a+b|^2=|a|^2+2a\cdot b+|b|^2 \quad\text{(b)}$$
であり,(a) の両辺から (b) を引き,$a\cdot b=b\cdot c$ を代入すると $|a|=|c|$ を得る.

(2) 同様に (a) と (b) の両辺をそれぞれ加えると
$$|a|^2+|c|^2=2|b|^2+|c|^2+|a|^2-4$$
となり,$|b|^2=2$ を得る.
一方,
$$|a+b+c|^2=|a|^2+|b|^2+|c|^2+2a\cdot b+2b\cdot c+2c\cdot a$$
であることから,
$$c\cdot a=-a\cdot b-b\cdot c-\frac{1}{2}(|a|^2+|b|^2+|c|^2)=-1$$
となる.

(解答は章末の p.124 以降に掲載されています.)

演習 4.1 ベクトル $a=(2,3)$ のとき,a と同じ向きの単位ベクトル,および a と垂直な単位ベクトルを (1) 作図により (2) 計算により 求めなさい.

演習 4.2 2 つのベクトル a, b が,$|a|=2, |b|=3, |a-b|=\sqrt{7}$ を満たすという.このとき,$a\cdot b$,a と b のなす角を求めなさい.

演習 4.3 例題 4.1 で,a, b のなす角を求めなさい.

── 例題 4.2 ─────────────────── ベクトルの一次独立性 ─

a, b, c が一次独立のとき a と b は一次独立になることを証明しなさい．

[解答]

「a, b, c が一次独立」 $\Longrightarrow$ 「a と b は一次独立」

を証明するためには，その対偶*

「a と b は一次従属」 $\Longrightarrow$ 「a, b, c が一次従属」

を証明すればよい．

a と b が一次従属であると仮定すると，少なくともどちらかは 0 でない定数 C_1, C_2 で，$C_1 a + C_2 b = 0$ となるものがある．

このとき $C_1 a + C_2 b + 0c = 0$ であり，C_1, C_2 のうち少なくともどちらかは 0 でないことから a, b, c は一次従属になる．

演習 4.4 次の命題は正しいかどうか判定しなさい．

(1) a と b が一次独立ならば，a, b, c は一次独立である．
(2) a, b, c が一次独立ならば，$a+b, b+c, c+a$ は一次独立である．
(3) a, b, c のうちのどの 2 つも一次独立ならば，a, b, c は一次独立である．

演習 4.5 a, b, c が一次独立であるとき，$ka+b+c, a+kb+c, a+b+kc$ が一次従属になるような k の値を求めなさい．

---

* 命題 A「p である $\Longrightarrow q$ である」に対して命題 B「q でない $\Longrightarrow p$ でない」を 命題 A の**対偶**という．命題 A が正しいこととその対偶命題 B が正しいことは同じである．

―― 例題 4.3 ――――――――――――――――――― $\mathbb{R}^3$ の最小の部分空間 ――

次のベクトルを含む $\mathbb{R}^3$ の最小の部分空間を求めなさい．

(1) $\boldsymbol{x} = \begin{bmatrix} 1 \\ 1 \\ 1 \end{bmatrix}, \boldsymbol{y} = \begin{bmatrix} 3 \\ 2 \\ 0 \end{bmatrix}$ (2) $\boldsymbol{x} = \begin{bmatrix} 1 \\ -2 \\ 3 \end{bmatrix}, \boldsymbol{y} = \begin{bmatrix} 2 \\ -4 \\ 6 \end{bmatrix}$

[解答] (1) $\boldsymbol{x}$ と $\boldsymbol{y}$ が一次独立になることは明らか．したがって，これらの線形結合 $\alpha\boldsymbol{x} + \beta\boldsymbol{y}$ 全体 (α, β は実数) が求める部分空間に含まれなくてはならず，逆にこれら全体で 1 つの部分空間ができる．よって求める部分空間は

$$\begin{bmatrix} x_1 \\ x_2 \\ x_3 \end{bmatrix} = \alpha \begin{bmatrix} 1 \\ 1 \\ 1 \end{bmatrix} + \beta \begin{bmatrix} 3 \\ 2 \\ 0 \end{bmatrix} = \begin{bmatrix} \alpha + 3\beta \\ \alpha + 2\beta \\ \alpha \end{bmatrix} \quad (\alpha, \beta \text{ は実数})$$

となるベクトル全体，言い換えると平面 $2x_1 - 3x_2 + x_3 = 0$ (α と β を消去せよ) となることがわかる．

(2) $2\boldsymbol{a} = \boldsymbol{b}$ となって，これらは一次従属，言い換えれば，位置ベクトルが $\boldsymbol{b}$ である点は位置ベクトルが $\boldsymbol{a}$ である点と原点を通る直線上にあることがわかる．よって求める部分空間は

$$\begin{bmatrix} x_1 \\ x_2 \\ x_3 \end{bmatrix} = \alpha \begin{bmatrix} 1 \\ -2 \\ 3 \end{bmatrix} \quad (\alpha \text{ は実数})$$

を満たすベクトル全体，すなわち直線 $\dfrac{x_1}{1} = \dfrac{x_2}{-2} = \dfrac{x_3}{3}$ となることがわかる．

演習 4.6 次のベクトルを含む $\mathbb{R}^3$ の最小の部分空間を求めなさい．

(1) $\begin{bmatrix} 1 \\ 2 \\ 0 \end{bmatrix}, \begin{bmatrix} 3 \\ 4 \\ 0 \end{bmatrix}$ (2) $\begin{bmatrix} 1 \\ -2 \\ 3 \end{bmatrix}, \begin{bmatrix} 1 \\ 2 \\ 1 \end{bmatrix}, \begin{bmatrix} 2 \\ 0 \\ 4 \end{bmatrix}$ (3) $\begin{bmatrix} 2 \\ -2 \\ 2 \end{bmatrix}$

研究　内積空間

4.3 節で，平面または空間における図形的なベクトルに対して内積を定義した．この内積には次の法則が成り立つ（a, b はベクトル，α は定数）．

$$a \cdot b = b \cdot a \quad \text{（交換法則）} \tag{4.23}$$

$$a \cdot (b + c) = a \cdot b + a \cdot c \quad \text{（分配法則）} \tag{4.24}$$

$$a \cdot (\alpha b) = \alpha(a \cdot b) \tag{4.25}$$

さらに次のこともすぐにわかる．

$$a \cdot a \geqq 0, \quad \text{かつ} \quad a \cdot a = 0 \iff a = 0 \tag{4.26}$$

一般に，(4.9 節で定義した) ベクトル空間 X の任意の 2 つのベクトル a, b に対して実数 $a \cdot b$ が定まり，上の 4 つの性質を満たすとき，この実数の値を a と b の**内積**，といい，組 $(X, \cdot)$ を**内積空間**と呼ぶ．

例 4.11 区間 $[a,b]$ で定義された連続な関数全体の集合を $C[a,b]$ とする．$C[a,b]$ に属する関数 f, g に対して

$$f \cdot g = \int_a^b f(x)g(x)dx$$

と定義すると，$C[a,b]$ は内積空間になる*．

例 4.12 和が絶対収束する 2 つの数列 $a = (a_1, a_2, a_3, \cdots)$，$b = (b_1, b_2, b_3, \cdots)$ に対して

$$a \cdot b = a_1 b_1 + a_2 b_2 + a_3 b_3 + \cdots$$

と定めると，ℓ^1 は内積空間になる**．

内積空間において，ベクトル a の「大きさ」$|a|$ を $|a| = \sqrt{a \cdot a}$ と定める．このとき関係式，

$$|b - a|^2 + |c - a|^2 = \frac{1}{2}(|b - c|^2 + |b + c - 2a|^2)$$

が成り立つ（問 4.7 参照）．この関係式は内積の本質を表していることが研究されている．

---

*　例 4.4 参照．

**　例 4.10 参照．

問の解答（第 4 章）

問 4.1 (1) $\overrightarrow{FE} = a+b$, $\overrightarrow{BE} = 2a$, $\overrightarrow{AE} = 2a+b$ (2) D (3) C (4) C

問 4.2 (1)
$$|a+b|^2 = (a+b)\cdot(a+b)$$
$$= a\cdot a + 2a\cdot b + b\cdot b$$
$$= |a|^2 + 2|a||b|\cos\theta + |b|^2$$
$$\leqq |a|^2 + 2|a||b| + |b|^2$$

(2) $|a-b|^2 = (a-b)\cdot(a-b) = (a\cdot a - 2a\cdot b + b\cdot b)$ より．

(3) (1) の計算と (2) を用いる． (4)(5) 分配法則を用いる．

問 4.3 (1) $C_1(a+b) + C_2(a-b) = 0$ とおくと
$$(C_1+C_2)a + (C_1-C_2)b = 0$$
となる．a と b が一次独立なので $C_1+C_2 = C_1-C_2 = 0$. よって
$$C_1 = C_2 = 0$$
となる．

(2) a と b は一次独立だから $a+3b \neq 0$, かつ $2a+kb \neq 0$ である．$a+3b$ と $2a+kb$ が一次従属になるようにするからこれらは平行，すなわち定数 β をとって $\beta(a+3b) = 2a+kb$ とすることができる．係数比較をすれば，$\beta = 2$ および $\alpha = 6$ が求められる．

問 4.4 a と b が一次従属であるとする．このとき $C_1a+C_2b = 0$ かつ $C_1 = C_2 = 0$ でない定数 C_1, C_2 を探すことができる．これらを使って $C_1a+C_2b+C_3 = 0$, $C_3 = 0$ とおけばよい．

問 4.5 (図を描いてみよ) (1) 正しくない．a と c が平行で，これらと b が平行でない場合が反例になる．

(2) 正しい．$a /\!/ b$ かつ $b /\!/ c$ ならば $a /\!/ c$ である．

(3) 正しい．$a /\!/ b$ でなく $b /\!/ c$ ならば $a /\!/ c$ でない．

問 4.6 (1) $C_1(a+b) + C_2(a-b) + C_3c = 0$ とおく．これは
$$(C_1+C_2)a + (C_1-C_2)b + C_3c = 0$$
と変形できて，a, b, c が一次独立であるから
$$C_1+C_2 = C_1-C_2 = C_3 = 0$$
となり，これから $C_1 = C_2 = C_3 = 0$ を得る．

(2) 同様に $C_1(\boldsymbol{a}+\boldsymbol{b}) + C_2(\boldsymbol{b}+\boldsymbol{c}) + C_3(\boldsymbol{c}-\boldsymbol{a}) = \boldsymbol{0}$ とおく.これを整理すると
$$(C_1 - C_3)\boldsymbol{a} + (C_1 + C_2)\boldsymbol{b} + (C_2 + C_3)\boldsymbol{c} = \boldsymbol{0}$$
となる.特に
$$C_1 = C_3 = -C_2 = 1$$
としてみると,この等式が成り立つことがわかる.したがってこれらは一次従属である.

問 4.7 (1) 両辺を内積の形で書いて展開すればよい.
(2) 3 点 A, B, C の位置ベクトルをそれぞれ $\boldsymbol{a}, \boldsymbol{b}, \boldsymbol{c}$ とする.このとき上の式は
$$|\mathrm{AB}|^2 + |\mathrm{AC}|^2 = 2(|\mathrm{BC}|^2 + |\mathrm{AM}|^2) \quad (\text{M は BC の中点})$$
と同じである.すなわちこの式は「中線定理」のことである.

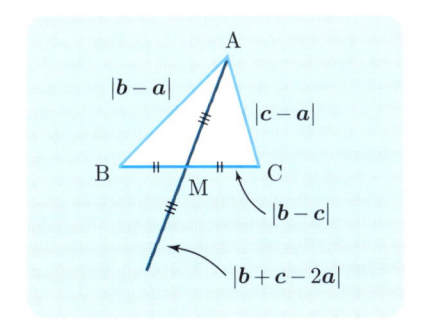

問 4.7 の図

問 4.8 (1) $\begin{vmatrix} 1 & -2 & 5 & 0 \\ -3 & 1 & 2 & -3 \\ 2 & -1 & 1 & 3 \\ 4 & -2 & -3 & 1 \end{vmatrix} = 0$ だから一次従属.

(2) $\begin{vmatrix} 2 & 1 & 0 & 3 \\ 1 & -2 & -1 & 1 \\ 3 & 0 & 1 & 1 \\ 0 & 3 & 1 & 0 \end{vmatrix} = 0$ だから一次従属.

(3) 一次独立.例 3.9 参照. (4) 一次独立.問 3.4 参照.

演習問題解答（第 4 章）

演習 4.1 $|a|=\sqrt{13}$ だから $\dfrac{1}{\sqrt{13}}a$ が a と同じ向きの単位ベクトル．これから，$\pm\dfrac{1}{\sqrt{13}}(3,-2)$ が a に垂直な単位ベクトル．

演習 4.2 $|a-b|^2=(a-b)\cdot(a-b)=|a|^2-2a\cdot b+|b|^2=2^2+3^2+2\cdot 3\cos\theta=7$ であることから，$a\cdot b=3$, $\cos\theta=\dfrac{1}{2}$ から $\theta=\dfrac{\pi}{3}$．

演習 4.3 a,b のなす角は $\dfrac{2}{3}\pi$．

演習 4.4 (1) 正しくない．$c=-a-b$ とおいてみよ．
(2) 正しい．$C_1(a+b)+C_2(b+c)+C_3(c+a)=0$ とおく．これを整理し，a,b,c が一次独立であることを用いて C_1,C_2,C_3 の連立方程式を作って解いてみよ．
(3) 正しくない．a と b は一次独立，$c=b-a$ とすると b と c, c と a は一次独立だが，これらは一次従属になる．

演習 4.5 $\alpha(ka+b+c)+\beta(a+kb+c)+\gamma(a+b+kc)=0$ とおく．これらを整理し，a,b,c が一次独立であることから，α,β,γ の連立方程式ができる．これが自明でない解を持つための条件 (p.48 (定理 2.3)) から，$k=1,-2$ とわかる．

演習 4.6 (1) $2x_1-x_2=2\beta$ (β は任意の定数), $x_3=0$ が得られるので，平面 $x_3=0$ が求める部分空間である．

(2) $\begin{vmatrix} 1 & 1 & 2 \\ -2 & 2 & 0 \\ 3 & 1 & 4 \end{vmatrix}=0$ でこれらのベクトルは一次従属．しかし $\begin{bmatrix} 1 \\ -2 \\ 3 \end{bmatrix}$ と $\begin{bmatrix} 1 \\ 2 \\ 1 \end{bmatrix}$ は一次独立である．よってこの 3 つのベクトルのうち一次独立なものは最大 2 つであるといえる．したがって求める部分空間は $\begin{bmatrix} x_1 \\ x_2 \\ x_3 \end{bmatrix} = \alpha \begin{bmatrix} 1 \\ -2 \\ 3 \end{bmatrix} + \beta \begin{bmatrix} 1 \\ 2 \\ 1 \end{bmatrix}$ という形で表されるベクトルである．この関係式を連立方程式で表せば

$$\begin{cases} x_1 = \alpha+\beta \\ x_2 = -2\alpha+2\beta \\ x_3 = 3\alpha+\beta \end{cases}$$

となるので，これらから α,β を消去すると，$4x_1-x_2-2x_3=0$ が得られる．

(3) $\alpha \begin{bmatrix} 2 \\ -2 \\ 2 \end{bmatrix}$ の形のベクトル全体が求める部分空間である．したがって直線 $\dfrac{x_1}{2}=\dfrac{x_2}{-2}=\dfrac{x_3}{1}$ が求める部分空間である．

第5章
線形変換とその固有値・固有ベクトル

本章の目的 ベクトルをベクトルに「変換する」ということは直観的にわかるだろう．この章では「線形性」という性質をもつ変換を考え，その性質をいくつか調べていく．

単にデータの変換として線形変換を見ることも可能であるが，一方で実は図形的に大きな意味を持っている．これを感じることによって，線形変換の持つ重要性がわかるだろう．

本章の内容

- 5.1 線形変換
- 5.2 逆変換と正則な線形変換
- 5.3 線形変換と図形
- 5.4 固有値と固有ベクトル
- 研究 固有値が複素数の場合
- 5.5 正方行列の正則行列による対角化
- 5.6 対角化の応用

5.1 線 形 変 換

2つのベクトル空間 X, Y を考える．X のベクトルそれぞれに対して Y のベクトルを1つ対応させる変換 f が

$$f(\boldsymbol{a}+\boldsymbol{b}) = f(\boldsymbol{a}) + f(\boldsymbol{b}) \quad (\boldsymbol{a}, \boldsymbol{b} は X のベクトル)$$

$$f(\lambda \boldsymbol{a}) = \lambda f(\boldsymbol{a}) \qquad (\boldsymbol{a} は X のベクトル，\lambda は実数)$$

という関係を満たすとき，f は X から Y への**線形変換**であるという．X から X への線形変換を単に X 上の**線形変換**という．

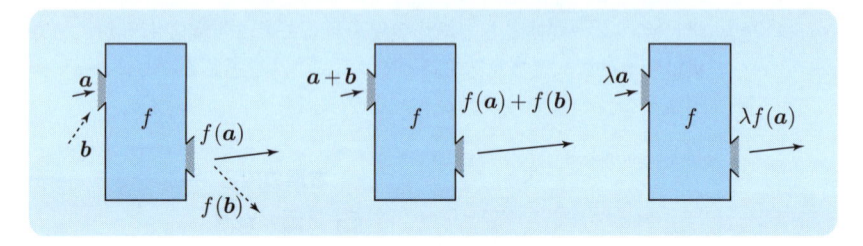

図 5.1　線形変換 f

特に $\mathbb{R}^n$ から $\mathbb{R}^m$ への線形変換 f を考える．f が線形であることを用いると

$$\begin{bmatrix} y_1 \\ y_2 \\ \vdots \\ y_m \end{bmatrix} = f\left(\begin{bmatrix} x_1 \\ x_2 \\ \vdots \\ x_n \end{bmatrix} \right)$$

$$= f\left(x_1 \begin{bmatrix} 1 \\ 0 \\ \vdots \\ 0 \end{bmatrix} + x_2 \begin{bmatrix} 0 \\ 1 \\ \vdots \\ 0 \end{bmatrix} + \cdots + x_n \begin{bmatrix} 0 \\ 0 \\ \vdots \\ 1 \end{bmatrix} \right)$$

$$= x_1 f\left(\begin{bmatrix} 1 \\ 0 \\ \vdots \\ 0 \end{bmatrix} \right) + x_2 f\left(\begin{bmatrix} 0 \\ 1 \\ \vdots \\ 0 \end{bmatrix} \right) + \cdots + x_n f\left(\begin{bmatrix} 0 \\ 0 \\ \vdots \\ 1 \end{bmatrix} \right)$$

5.1 線形変換

となる.特に

$$f\left(\begin{bmatrix}1\\0\\\vdots\\0\end{bmatrix}\right)=\begin{bmatrix}a_{11}\\a_{21}\\\vdots\\a_{m1}\end{bmatrix}, f\left(\begin{bmatrix}0\\1\\\vdots\\0\end{bmatrix}\right)=\begin{bmatrix}a_{12}\\a_{22}\\\vdots\\a_{m2}\end{bmatrix}, \cdots, f\left(\begin{bmatrix}0\\0\\\vdots\\1\end{bmatrix}\right)=\begin{bmatrix}a_{1n}\\a_{2n}\\\vdots\\a_{mn}\end{bmatrix}$$

とおけば,

$$\begin{bmatrix}y_1\\y_2\\\vdots\\y_m\end{bmatrix}=\begin{bmatrix}a_{11}x_1+a_{12}x_2+\cdots+a_{1n}x_n\\a_{21}x_1+a_{22}x_2+\cdots+a_{2n}x_n\\\vdots\\a_{m1}x_1+a_{m2}x_2+\cdots+a_{mn}x_n\end{bmatrix}$$

$$=\underbrace{\begin{bmatrix}a_{11}&a_{12}&\cdots&a_{1n}\\a_{21}&a_{22}&\cdots&a_{2n}\\\vdots&\vdots&\ddots&\vdots\\a_{m1}&a_{m2}&\cdots&a_{mn}\end{bmatrix}}_{f \text{ の表現行列 } A}\begin{bmatrix}x_1\\x_2\\\vdots\\x_n\end{bmatrix}$$

となることがわかる.

ここに表れる $m \times n$ 行列 A を変換 f の**表現行列**という.

$y_1, y_2, \cdots, y_m$ は $x_1, x_2, \cdots, x_n$ の 1 次式で表されることからこのような変換は **1 次変換*** とも呼ばれる.

次のことに注意しておく.

> **定理 5.1** $\mathbb{R}^n$ から $\mathbb{R}^m$ への線形変換 f を考える. f による $\mathbb{R}^n$ の像 $f(\mathbb{R}^n) = \{\boldsymbol{y} \in \mathbb{R}^m; \boldsymbol{y} = f(\boldsymbol{x}), \boldsymbol{x} \in \mathbb{R}^n\}$ は $\mathbb{R}^m$ の部分空間である.

[証明] $\boldsymbol{y}_1, \boldsymbol{y}_2 \in f(\mathbb{R}^n)$ をとる. このとき, $\boldsymbol{y}_1 = f(\boldsymbol{x}_1), \boldsymbol{y}_2 = f(\boldsymbol{x}_2)$ となるベクトル $\boldsymbol{x}_1, \boldsymbol{x}_2 \in \mathbb{R}^n$ を探すことができる. どんな実数 α, β に対しても $\alpha\boldsymbol{x}_1 + \beta\boldsymbol{x}_2 \in \mathbb{R}^n$ であり, f が線形だから $f(\alpha\boldsymbol{x}_1 + \beta\boldsymbol{x}_2) = \alpha f(\boldsymbol{x}_1) + \beta f(\boldsymbol{x}_2) = \alpha\boldsymbol{y}_1 + \beta\boldsymbol{y}_2$ となる. これは, $\alpha\boldsymbol{y}_1 + \beta\boldsymbol{y}_2 \in f(\mathbb{R}^n)$ であることにほかならない. □

---

* 第 0 章参照

5.2　逆変換と正則な線形変換

逆変換　X から Y への (線形) 変換 f を考える．変換 f は X の各要素に対して Y の要素を1つだけ対応させるが，この変換を逆にみて，

Y の要素 y に対し X の要素 x を $\underline{y=f(x)}$ となるように対応させる

ことを考えたい．一般にはこのような x を

> 1. 見つけられるのか　2. 見つかってもそれを1つに決定できるか

という問題が起こってくる．これらの問題の答えがどちらも YES であるとき，この対応を f の**逆変換**といい，f^{-1} というような記号で表す*．

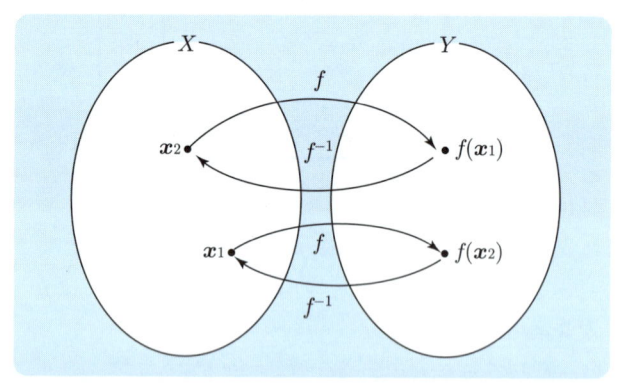

図 5.2　「写像」「逆写像」

$\mathbb{R}^n$ 上の線形変換の逆変換　特に $\mathbb{R}^n$ から $\mathbb{R}^m$ への線形変換 f について考える．f の表現行列を A とする．f の逆変換 f^{-1} が定められるということは，$f(x)=y$ において y を定めるとそれに対応して x が決まるということであるから，$Ax=y$ を "$x=$" の形に変形できることである．具体的に書き出せば，

---

* 一般には1について，うまく対応する x がみつけられるような y だけに制限して考えることがある．また2について，対応する x が複数見つかる場合でもそれらをまとめて対応関係と見る場合もある．しかし本書ではこのような場合については扱わない．

$$\begin{bmatrix} a_{11} & a_{12} & \cdots & a_{1n} \\ a_{21} & a_{22} & \cdots & a_{2n} \\ \vdots & \vdots & \ddots & \vdots \\ a_{m1} & a_{m2} & \cdots & a_{mn} \end{bmatrix} \begin{bmatrix} x_1 \\ x_2 \\ \vdots \\ x_n \end{bmatrix} = \begin{bmatrix} y_1 \\ y_2 \\ \vdots \\ y_m \end{bmatrix} \tag{5.1}$$

すなわち

$$\begin{cases} a_{11}x_1 + a_{12}x_2 + \cdots + a_{1n}x_n = y_1 \\ a_{21}x_1 + a_{22}x_2 + \cdots + a_{2n}x_n = y_2 \\ \qquad\qquad\qquad \vdots \\ a_{m1}x_1 + a_{m2}x_2 + \cdots + a_{mn}x_n = y_m \end{cases} \tag{5.2}$$

という連立方程式がただ 1 組の解を持てば，逆変換が存在することになる．

したがって

> (1) $m = n$ であり　　(2) 行列 A が正則である

ときにのみ f の逆変換を定めることができる．このとき f を**正則な線形変換**という．

連立方程式 $A\boldsymbol{x} = \boldsymbol{y}$ が $\boldsymbol{x}$ について解けるとき，$\boldsymbol{x} = A^{-1}\boldsymbol{y}$ が成り立つ．すなわち $\mathbb{R}^n$ 上の線形変換の逆変換はまた $\mathbb{R}^n$ 上の線形変換になり，その表現行列はもとの線形変換の表現行列の逆行列になることがわかる．

定義に含まれることであるが，次のことに注意しておく．

注意 5.1 $\mathbb{R}^n$ 上の線形変換 f が正則ならば，$f(\mathbb{R}^n) = \mathbb{R}^n$ となる．

次の性質は意外に重要である．

定理 5.2 線形変換 f に対して $\boldsymbol{x} = \boldsymbol{0}$ のとき常に $f(\boldsymbol{x}) = \boldsymbol{0}$ である．一方，f が正則ならば，$f(\boldsymbol{x}) = \boldsymbol{0}$ となる $\boldsymbol{x}$ は $\boldsymbol{0}$ しかない．

[証明] $f(\boldsymbol{0}) = \boldsymbol{0}$ は明らかである．また f が正則ならば逆変換 f^{-1} が存在するので $f(\boldsymbol{x}) = \boldsymbol{0}$ を満たす $\boldsymbol{x}$ は $\boldsymbol{x} = f^{-1}(\boldsymbol{0}) = \boldsymbol{0}$ となる． □

5.3 線形変換と図形

正則な線形変換と図形 $\mathbb{R}^2$ 上の正則な線形変換 f を考えよう．f はベクトル x に対してベクトル $y = f(x)$ を対応させる変換であるが，これは $\mathbb{R}^2$ 上の位置ベクトルが x である点 $\mathrm{P}(x)$ を $\mathbb{R}^2$ 上の位置ベクトルが y である点 $\mathrm{Q}(y)$ に対応させる変換であるとみることもできる．

したがって $\mathbb{R}^2$ 上の図形が $\mathbb{R}^2$ 上の何らかの図形に変換されることになる．

もっとも単純な図形の1つである線分について考えてみよう．一般に2点 $\mathrm{A}(a)$, $\mathrm{B}(b)$ を結ぶ線分 AB を考えよう．AB 上の点 $\mathrm{P}(x)$ は

$$x = (1-t)a + tb \qquad (0 \leqq t \leqq 1)$$

と表される*．

この点が f によって変換された点 Q の位置ベクトル y は

$$\begin{aligned} y &= f(x) \\ &= f((1-t)a + tb) \\ &= (1-t)f(a) + tf(b) \end{aligned}$$

と表されることがわかる．

f によって点 $\mathrm{A}(a)$, $\mathrm{B}(b)$ がそれぞれ点 $\mathrm{A}'(f(a))$, $\mathrm{B}'(f(b))$ に変換されるから，点 Q は線分 $\mathrm{A}'\mathrm{B}'$ 上の点であり，さらにこの線分を $t : (1-t)$ に内分する点となることがわかる．

また逆変換も正則であることから，正則な線形変換について次のような性質がわかる．

- 線分は線分に変換される．
- 三角形は三角形に変換される．n 角形は n 角形に変換される．
- 図形の内部は図形の内部に対応する．
- 直線は直線に変換される．

---

* このとき点 P は線分 AB を $t : (1-t)$ に内分する点である．

5.3 線形変換と図形

● **より理解を深めるために** ●

$\mathbb{R}^2$ 上の線形変換を図の上で表すことを考えよう．基本的な図形である「田形」(9つの点 (x, y), $x, y = 0, \pm 1$ を頂点とする4つの正方形) がどのように変形されるか調べてみよう．

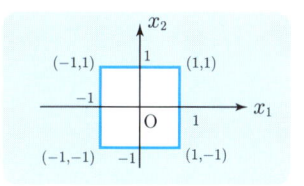

図 5.3 「田形」の図

例 5.1 表現行列が (1) $\begin{bmatrix} 2 & 3 \\ 1 & 4 \end{bmatrix}$ のとき，(2) $\begin{bmatrix} 2 & -3 \\ 1 & 4 \end{bmatrix}$ のとき「田形」はそれぞれ次のような図形に変換される． □

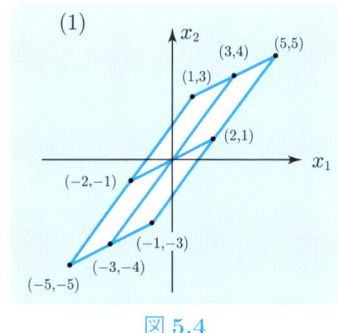

図 5.4

図 5.5

$\mathbb{R}^2$ 上の線形変換としては，

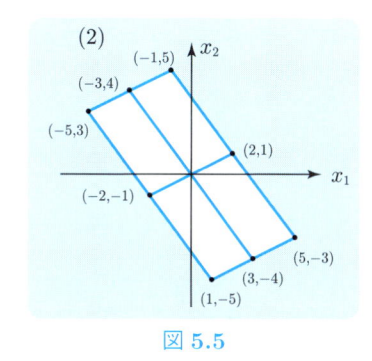

- (縦横の倍率が異なる場合も含めて) 拡大・縮小変換
- 原点のまわりの回転移動
- 座標軸に関する線対称移動

およびこれらの合成が典型的な例である．

(解答は章末の p.149 以降に掲載されています．)

問 5.1 次の行列が表現行列であるような $\mathbb{R}^2$ 上の線形変換により，図 5.3 の「田形」はどのような図形に変換されるか，図で表しなさい．

(1) $\begin{bmatrix} 1 & 0 \\ 0 & 1 \end{bmatrix}$ (2) $\begin{bmatrix} 5 & 0 \\ 0 & 3 \end{bmatrix}$ (3) $\begin{bmatrix} 2 & 0 \\ 0 & -1 \end{bmatrix}$

(4) $\begin{bmatrix} \frac{1}{2} & -\frac{\sqrt{3}}{2} \\ \frac{\sqrt{3}}{2} & \frac{1}{2} \end{bmatrix}$ (5) $\begin{bmatrix} \sqrt{2} & \sqrt{2} \\ -\sqrt{2} & \sqrt{2} \end{bmatrix}$ (6) $\begin{bmatrix} 2 & 3 \\ 1 & -4 \end{bmatrix}$

正則でない線形変換　正則でない線形変換について考えてみよう．

表現行列が $A = \begin{bmatrix} 2 & -6 \\ 1 & -3 \end{bmatrix}$ である $\mathbb{R}^2$ 上の線形変換によって「田形」は図 5.6 のようになる．

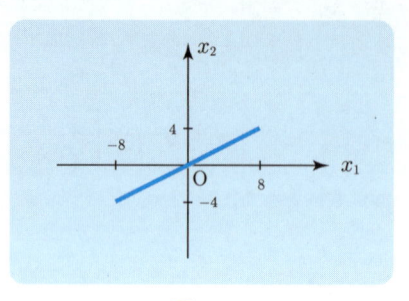

図 5.6

一般に，この変換により $\mathbb{R}^2$ の点 $\mathrm{P}(x_1, x_2)$ は点 $\mathrm{Q}\left(x_1 - 3x_2, \dfrac{1}{2}(x_1 - 3x_2)\right)$ に対応する．つまり，どんな点も直線 $x_2 = \dfrac{1}{2}x_1$ 上の点に変換される．

もう 1 つ例をみてみよう．

表現行列が $B = \begin{bmatrix} 0 & 0 \\ 0 & 0 \end{bmatrix}$ であるような $\mathbb{R}^2$ 上の線形変換 f について考える．この変換により $\mathbb{R}^2$ の点 $\mathrm{P}(x_1, x_2)$ は原点 $\mathrm{O}(0,0)$ に対応する．つまり，点 P がどんな点であっても，対応する点は原点 O になる．

$\mathbb{R}^n$ 上の線形変換の表現行列の階数 (rank) を r $(0 \leqq r \leqq n)$ とするとき，定理 2.2 からこの変換が正則ならば $r = n$ とわかるがさらに一般に次のことが証明できる．

定理 5.3　$\mathbb{R}^n$ 上の線形変換 f の表現行列の階数が r であるとき，f によって $\mathbb{R}^n$ 全体は $\mathbb{R}^n$ の r 次元部分空間に変換される．

上の例でいえば，A の階数は 1 であり，そのため $\mathbb{R}^2$ 全体は $\mathbb{R}^2$ の 1 次元部分空間 (原点を通る直線) に変換される．B の階数は 0 であり，そのため $\mathbb{R}^2$ 全体は $\mathbb{R}^2$ の 0 次元部分空間 (原点 1 点からなる集合) に変換される．

5.3 線形変換と図形

● **より理解を深めるために**

例 5.2（正則でない線形変換） $\mathbb{R}^3$ 上の線形変換 f の表現行列が

$$\begin{bmatrix} 2 & 3 & 1 \\ 1 & 0 & 3 \\ 3 & 6 & -1 \end{bmatrix}$$

であるとき，$\mathbb{R}^3$ 全体は $\mathbb{R}^3$ のどのような部分空間に変換されるか求めなさい．

[解] f が正則であるならば，変換後は $\mathbb{R}^3$ 全体になる．ところがこの表現行列の行列式を計算してみると，0 になるので正則にならないことがわかる．

$\mathbb{R}^3$ のベクトル $\begin{bmatrix} x_1 \\ x_2 \\ x_3 \end{bmatrix}$ は f によって $\begin{bmatrix} y_1 \\ y_2 \\ y_3 \end{bmatrix} = \begin{bmatrix} 2x_1 & 3x_2 & x_3 \\ x_1 & 0 & 3x_3 \\ 3x_1 & 6x_2 & -x_3 \end{bmatrix}$ に変換される．p.39 と同様の変形を行うと，$2y_1 - y_2 - y_3 = 0$ という関係式が出る．この関係は x_1, x_2, x_3 の値に関わらず成り立つ，したがってどんな $\boldsymbol{x}$ に対しても，移った先の $\boldsymbol{y}$ が満たす性質である．すなわち，この線形変換によって $\mathbb{R}^3$ のどんな点も原点を通る平面 $2y_1 - y_2 - y_3 = 0$ 上に移ることがわかる． ■

問 5.2 次の行列が表現行列であるような $\mathbb{R}^2$ 上の線形変換により「田形」はどのような図形に変換されるか，図で表しなさい．また，$\mathbb{R}^2$ 全体がどのような図形に変換されるか調べなさい．

(1) $\begin{bmatrix} 1 & 0 \\ 0 & 0 \end{bmatrix}$ (2) $\begin{bmatrix} 0 & 0 \\ 0 & 3 \end{bmatrix}$ (3) $\begin{bmatrix} 2 & 0 \\ 1 & 0 \end{bmatrix}$ (4) $\begin{bmatrix} 1 & -3 \\ 0 & 0 \end{bmatrix}$

問 5.3 次の行列が表現行列であるような $\mathbb{R}^3$ 上の線形変換により $\mathbb{R}^3$ 全体がどのような図形に変換されるか調べなさい．

(1) $\begin{bmatrix} 1 & 1 & 0 \\ -1 & 2 & 1 \\ 0 & 3 & 1 \end{bmatrix}$ (2) $\begin{bmatrix} 1 & 0 & -1 \\ 2 & 3 & 4 \\ 1 & 1 & 1 \end{bmatrix}$ (3) $\begin{bmatrix} 2 & 5 & 1 \\ 0 & 4 & 1 \\ -6 & 1 & 1 \end{bmatrix}$

5.4 固有値と固有ベクトル

表現行列が $\begin{bmatrix} 2 & 2 \\ 1 & 3 \end{bmatrix}$ である $\mathbb{R}^2$ 上の線形変換 f を考えよう．原点と点 (1,1) を結ぶ線分を対角線とする正方形は，右ページの図 5.7, 図 5.8 のように「両側からつぶされて」,「引っ張られた (拡大された)」ように変形される．

両側からつぶされているのだから，その間には位置ベクトルが回転せず，単に "拡大" したような移動をする点があるのではないだろうか．

実際，この変換によって，点 (1,1) の移動を考えると

$$\begin{bmatrix} 2 & 2 \\ 1 & 3 \end{bmatrix} \begin{bmatrix} 1 \\ 1 \end{bmatrix} = \begin{bmatrix} 4 \\ 4 \end{bmatrix} = 4 \begin{bmatrix} 1 \\ 1 \end{bmatrix} \cdots \begin{bmatrix} 1 \\ 1 \end{bmatrix} \text{ がこの変換で 4 倍に}$$

すなわち，原点を中心の 4 倍拡大になっていることがわかる．一般に，次のように定義する．

> **定義**：ベクトル空間 X 上の線形変換 f に対し，$f(\boldsymbol{x}) = \alpha \boldsymbol{x}$ を満たすベクトル $\boldsymbol{x} \neq \boldsymbol{0}$ および実数 α があるとき，この α を変換 f の**固有値**，対応する $\boldsymbol{x}$ を 固有値 α に対する**固有ベクトル**という．

$\mathbb{R}^n$ 上の線形変換に対してはその表現行列がただ 1 つ定まるのでこれらを単にその**行列の固有値**，**行列の固有ベクトル**とも呼ぶ．

このことを式に表してみよう．$\mathbb{R}^n$ 上の 1 次変換 f の表現行列を A とする．実数 t が f の固有値，それに対応する固有ベクトルが $\boldsymbol{x}$ であるとき

$$A\boldsymbol{x} = t\boldsymbol{x} = tE\boldsymbol{x} \quad \text{すなわち} \quad (A - tE)\boldsymbol{x} = \boldsymbol{0}$$

となる．$\boldsymbol{x} \neq \boldsymbol{0}$ であるから，行列 $A - tE$ は正則でない (p.139 注意 5.2 参照)．したがって

$$|A - tE| = 0 \tag{5.3}$$

が成り立つはずである．

この t に関する方程式 (5.3) をこの行列 (線形変換) の**固有方程式**と呼び，この右辺に表れる多項式をこの行列の**固有多項式**と呼ぶ．

5.4 固有値と固有ベクトル

● **より理解を深めるために**

表現行列が $\begin{bmatrix} 2 & 2 \\ 1 & 3 \end{bmatrix}$ で表されるような線形変換 f によって次の図 5.7，図 5.8 のように変換される．

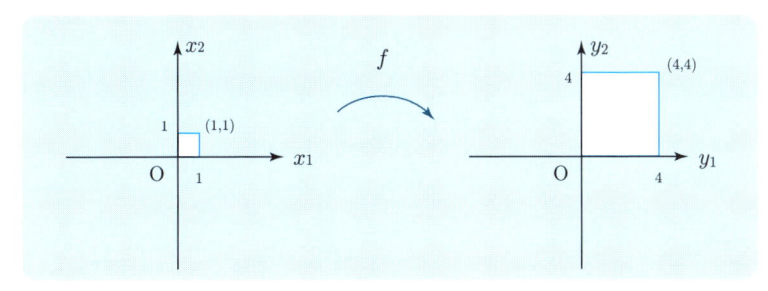

図 5.7

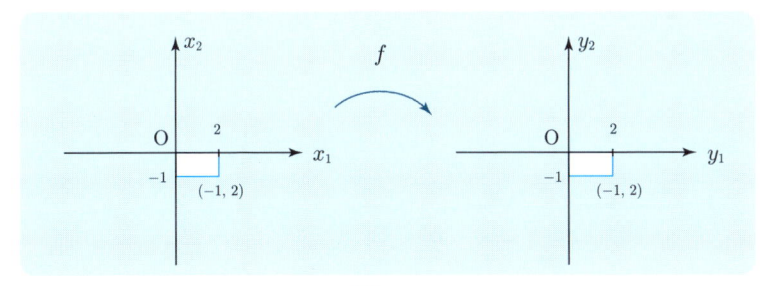

図 5.8

ベクトル $\begin{bmatrix} 1 \\ 1 \end{bmatrix}$ はこの線形変換の固有値 4 に対する固有ベクトルであるが，これを定数倍した $\begin{bmatrix} a \\ a \end{bmatrix}$ ような形のベクトルもやはり固有ベクトルになる．実際，f の線形性から

$$f\left(\begin{bmatrix} a \\ a \end{bmatrix}\right) = f\left(a\begin{bmatrix} 1 \\ 1 \end{bmatrix}\right) = af\left(\begin{bmatrix} 1 \\ 1 \end{bmatrix}\right) = 4a\begin{bmatrix} 1 \\ 1 \end{bmatrix} = 4\begin{bmatrix} a \\ a \end{bmatrix}$$

である．同様に 1 つの固有値に対する複数の固有ベクトルを加えてもまたその固有値に対する固有ベクトルになる．したがって，1 つの固有値に対する固有ベクトル全体は定義域の空間の部分空間になる．この部分空間をこの固有値に対する**固有空間**という．

固有値・固有ベクトルの求め方　n 次正方行列 $A = (a_{ij})$ の固有値は固有方程式 $|A - tE| = 0$ を解けば求められる．各固有値に対する固有ベクトルは，p.135 の議論からわかるように無数にあるが，その中で一次独立なものを最大個数見つければ，固有空間 (すなわち全ての固有ベクトル) がわかる．

例 5.3　行列 $A = \begin{bmatrix} 3 & -5 & -5 \\ -1 & 7 & 5 \\ 1 & -9 & -7 \end{bmatrix}$ の固有値・固有ベクトルを求めなさい．

[解]　(1) A の固有方程式は

$$|A - tE| = \begin{vmatrix} 3-t & -5 & -5 \\ -1 & 7-t & 5 \\ 1 & -9 & -7-t \end{vmatrix} = \begin{vmatrix} 0 & 22-9t & 16-4t+t^2 \\ 0 & -2-t & -2-t \\ 1 & -9 & -7-t \end{vmatrix}$$

$$= \begin{vmatrix} 22-9t & 16-4t-t^2 \\ -2-t & -2-t \end{vmatrix}$$

$$= (-2-t)(22-9t) - (-2-t)(16-4t-t^2)$$

$$= -(t+2)(t^2 - 5t + 6)$$

$$= -(t+2)(t-2)(t-3) = 0$$

なのでこれを解いて，求める固有値は $2, 3, -2$ であるとわかる．

固有値 2 に対する固有ベクトルは $A\boldsymbol{x} = 2\boldsymbol{x}$ すなわち

$$\begin{bmatrix} 3 & -5 & -5 \\ -1 & 7 & 5 \\ 1 & -9 & -7 \end{bmatrix} \begin{bmatrix} x_1 \\ x_2 \\ x_3 \end{bmatrix} = 2 \begin{bmatrix} x_1 \\ x_2 \\ x_3 \end{bmatrix}$$

を満たすベクトル $\boldsymbol{x}$ である．これを連立方程式で表せば

$$\begin{cases} 3x_1 - 5x_2 - 5x_3 = 2x_1 \\ -x_1 + 7x_2 + 5x_3 = 2x_2 \\ x_1 - 9x_2 - 7x_2 = 2x_3 \end{cases}$$

となり，さらに整理すると関係式 $\begin{cases} x_1 = 0 \\ x_2 + x_3 = 0 \end{cases}$ が得られる．

5.4 固有値と固有ベクトル

x_1, x_2, x_3 に対してこの関係が成り立てば常に $\boldsymbol{x}$ は A の固有ベクトルになることがわかる．そこで 例えば，

$$\begin{bmatrix} 0 \\ 1 \\ -1 \end{bmatrix}$$ が固有ベクトルであることがわかる

(これを定数倍した $\begin{bmatrix} 0 \\ -2 \\ 2 \end{bmatrix}$ なども固有ベクトルになるのでそれでもよい)．

同様にして固有値 3 に対する固有ベクトルは $A\boldsymbol{x} = 3\boldsymbol{x}$ を満たすベクトル $\boldsymbol{x}$ であるから，その成分の関係式

$$\begin{cases} 3x_1-5x_2-5x_3 = 3x_1 \\ -x_1+7x_2+5x_3 = 3x_2 \\ x_1-9x_2-7x_2 = 3x_3 \end{cases} \quad \text{変形して} \quad \begin{cases} x_2 + x_3 = 0 \\ x_1 + x_2 = 0 \end{cases}$$

から，例えば $\begin{bmatrix} 1 \\ -1 \\ 1 \end{bmatrix}$ が固有値 3 に対する固有ベクトルになることがわかる．

全く同様に $\begin{bmatrix} 1 \\ -1 \\ 2 \end{bmatrix}$ が固有値 -2 に対する固有ベクトルであることもわかる． ■

問 5.4 次の行列の固有値・固有ベクトルを求めなさい．

(1) $\begin{bmatrix} 9 & 10 \\ -6 & -7 \end{bmatrix}$ (2) $\begin{bmatrix} 3 & -4 \\ 2 & -3 \end{bmatrix}$ (3) $\begin{bmatrix} 2 & -2 \\ 1 & -1 \end{bmatrix}$

問 5.5 次の行列の固有値・固有ベクトルを求めなさい．

(1) $\begin{bmatrix} 5 & -7 & -7 \\ -4 & 8 & 7 \\ 4 & -10 & -9 \end{bmatrix}$ (2) $\begin{bmatrix} 0 & 1 & 0 \\ 0 & 0 & 1 \\ -6 & 5 & 2 \end{bmatrix}$ (3) $\begin{bmatrix} -1 & -2 & 0 \\ 2 & 3 & -1 \\ 2 & 2 & -2 \end{bmatrix}$

第5章 線形変換とその固有値・固有ベクトル

固有方程式が重根を持つ場合は慎重に扱う必要がある．

例 5.4 行列 $B = \begin{bmatrix} 1 & -2 & -2 \\ 2 & -3 & -2 \\ -2 & 2 & 1 \end{bmatrix}$ の固有値・固有ベクトルを求めなさい． □

[解] B の固有方程式を整理すると $(t+1)^2(t-1) = 0$ となり，固有値は ± 1 とわかる．固有値 1 に対する固有ベクトルは，例 5.3 と同様に

$$\begin{bmatrix} 1 & -2 & -2 \\ 2 & -3 & -2 \\ -2 & 2 & 1 \end{bmatrix} \begin{bmatrix} x_1 \\ x_2 \\ x_3 \end{bmatrix} = \begin{bmatrix} x_1 - 2x_2 - 2x_3 \\ 2x_1 - 3x_2 - 2x_3 \\ -2x_1 + 2x_2 + x_3 \end{bmatrix} = \begin{bmatrix} x_1 \\ x_2 \\ x_3 \end{bmatrix}$$

から，関係式 $x_1 = x_2 = -x_3$ を得るので，例えば $\begin{bmatrix} 1 \\ 1 \\ -1 \end{bmatrix}$ とすればよい．

次に固有値 -1 に対する固有ベクトルを考える．この固有値は，固有方程式の**重根**[*]である．

固有値 -1 に対する固有ベクトルは次の式を満たす．

$$\begin{bmatrix} 1 & -2 & -2 \\ 2 & -3 & -2 \\ -2 & 2 & 1 \end{bmatrix} \begin{bmatrix} x_1 \\ x_2 \\ x_3 \end{bmatrix} = \begin{bmatrix} x_1 - 2x_2 - 2x_3 \\ 2x_1 - 3x_2 - 2x_3 \\ -2x_1 + 2x_2 + x_3 \end{bmatrix}$$

$$= - \begin{bmatrix} x_1 \\ x_2 \\ x_3 \end{bmatrix}$$

これを整理すると，例 5.5 と違って，1 つの関係式 $x_1 - x_2 - x_3 = 0$ しか得られない．しかしこの関係式が成り立つ x_1, x_2, x_3 をみつければ固有ベクトルを求めることができる．つまり，3 つの変数のうち 2 つは自由に決めてよいことになる．

ここで p.135 の議論を思い出してみよう．1 つの固有値に関する固有ベクトル全体は部分空間になる (固有空間)．逆にいえば，固有ベクトルを 2 つ以上求めるとき

---

[*] 一般に 3 次方程式には 3 つの根があるが，この場合には因数分解の形をみると 1 と -1 と -1 であり，2 つが偶然重なったものだとみることができる．これを重根と呼ぶ．

には，それらが一次独立でなければ意味がない．この場合には $x_1 = x_2 = 1$ と決めて $\begin{bmatrix} x_1 \\ x_2 \\ x_3 \end{bmatrix} = \begin{bmatrix} 1 \\ 1 \\ 0 \end{bmatrix}$, $x_1 = x_3 = 1$ と決めて $\begin{bmatrix} x_1 \\ x_2 \\ x_3 \end{bmatrix} = \begin{bmatrix} 1 \\ 0 \\ 1 \end{bmatrix}$ とすれば，これらはどちらも固有値 -1 に対する固有ベクトルであり，しかも一次独立になることがわかる．

この問題に対する答えとしては一応これでよいが，さらにこれらのベクトルの一次結合も固有ベクトルになることから，

$$\begin{bmatrix} x_1 \\ x_2 \\ x_3 \end{bmatrix} = \alpha \begin{bmatrix} 1 \\ 1 \\ 0 \end{bmatrix} + \beta \begin{bmatrix} 1 \\ 0 \\ 1 \end{bmatrix} = \begin{bmatrix} \alpha + \beta \\ \alpha \\ \beta \end{bmatrix}$$

も固有ベクトルになることがわかる．このことから関係式 $x_1 - x_2 - x_3 = 0$ を満たす点，すなわち原点を含む平面 $x_1 - x_2 - x_3 = 0$ が固有値 -1 に対する固有空間であるといえる．　■

注意 5.2 詳しい議論は省略するが，固有方程式の k 重根 であるような固有値に対しては一次独立な固有ベクトルが k 個求められる場合もあることが知られている．

問 5.6 次の行列の固有値・固有空間を求めなさい．

(1) $\begin{bmatrix} 11 & 9 \\ -4 & -1 \end{bmatrix}$　(2) $\begin{bmatrix} 2 & -1 \\ 1 & 4 \end{bmatrix}$　(3) $\begin{bmatrix} 2 & -5 \\ 5 & 12 \end{bmatrix}$

問 5.7 次の行列の固有値・固有空間を求めなさい．

(1) $\begin{bmatrix} 2 & 5 & -4 \\ 3 & 4 & -4 \\ 2 & 6 & -5 \end{bmatrix}$　(2) $\begin{bmatrix} -2 & 3 & 0 \\ 1 & 7 & 3 \\ 0 & -1 & -2 \end{bmatrix}$

(3) $\begin{bmatrix} 2 & 1 & -1 \\ 1 & 2 & -1 \\ 1 & 1 & 0 \end{bmatrix}$　(4) $\begin{bmatrix} 2 & -2 & -4 \\ -1 & 3 & 4 \\ 1 & -2 & -3 \end{bmatrix}$

トレース　n 次正方行列 A の固有方程式

$$|A - tE| = \begin{vmatrix} a_{11} - t & a_{12} & \cdots & a_{1n} \\ a_{21} & a_{22} - t & \cdots & a_{2n} \\ \vdots & \vdots & \ddots & \vdots \\ a_{n1} & a_{n2} & \cdots & a_{nn} - t \end{vmatrix} = 0 \quad (5.4)$$

は t の n 次方程式になる．その根 (すなわち A の固有値) を重複も許して $\alpha_1, \alpha_2, \cdots, \alpha_n$ とすれば，

$$\begin{aligned}|A - tE| &= (-1)^n t^n + (-1)^{n-1}(a_{11} + a_{22} + \cdots + a_{nn}) + \cdots + |A| \\ &= (-1)^n t^{n-1}(t - \alpha_1)(t - \alpha_2) \cdots (t - \alpha_n) \\ &= 0\end{aligned}$$

となることがわかる．ここで $t = 0$ とおけば

$$\alpha_1 \alpha_2 \cdots \alpha_n = |A| \quad (5.5)$$

また n 次方程式の根と係数の関係から

$$\alpha_1 + \alpha_2 + \cdots + \alpha_n = a_{11} + a_{22} + \cdots + a_{nn} \quad (5.6)$$

となる．(5.6) の両辺の値を行列 A の**トレース**といい $\mathrm{tr}\, A$ と表す．

次のことがわかる．

> **定理 5.4**　n 次正方行列 A, B に対して
> $$\mathrm{tr}(AB) = \mathrm{tr}(BA)$$
> である．

問 5.8　行列の積の定義にしたがって計算することにより，定理 5.4 を証明しなさい．

問 5.9　n 次正方行列 A, B, C に対して

$$\mathrm{tr}(ABC) = \mathrm{tr}(BCA) = \mathrm{tr}(CAB)$$

となることを証明しなさい．

研究　固有値が複素数の場合

行列 $A = \begin{bmatrix} 4 & -2 \\ 3 & 2 \end{bmatrix}$ の固有値を考えよう．固有方程式は

$$|A - tE| = \begin{vmatrix} 4-t & -2 \\ 3 & 2-t \end{vmatrix}$$
$$= t^2 - 6t + 14$$
$$= 0$$

であるから，これを解くと $t = 3 \pm \sqrt{5}\,i$ (i は虚数単位) となる．ここで

$$\begin{bmatrix} 4 & -2 \\ 3 & 2 \end{bmatrix} \begin{bmatrix} x_1 \\ x_2 \end{bmatrix} = (3 + \sqrt{5}\,i) \begin{bmatrix} x_1 \\ x_2 \end{bmatrix}$$

とおいてみると，これは例えば $x_1 = 2, x_2 = 1 - \sqrt{5}\,i$ とすれば成り立つことがわかる．

本書では実ベクトル空間を考えているが[*]，複素ベクトル空間 $\mathbb{C}^2$ (2次の複素数ベクトル全体) を考えることにすれば，この行列 A は固有値が $3 + \sqrt{5}\,i$ と $3 - \sqrt{5}\,i$，そしてそれらに対応する固有ベクトルとして

$$\begin{bmatrix} 2 \\ 1 - \sqrt{5}\,i \end{bmatrix} \quad \begin{bmatrix} 2 \\ 1 + \sqrt{5}\,i \end{bmatrix}$$

をとればよいことになる．

本書では原則として固有値が実数になる場合を扱うが，特に次のことが証明できる．

定理 5.5　n 次の実対称行列 A について

(1) 固有値は常にすべて実数である．
(2) 異なる固有値に対応する固有ベクトルは互いに直交する．

---

[*] p.115, p.134 を参照．

5.5 正方行列の正則行列による対角化

定理 5.6 $n \times n$ 行列 A の n 個の一次独立な固有ベクトル $\boldsymbol{x}_1, \boldsymbol{x}_2, \cdots, \boldsymbol{x}_n$ が列ベクトルの形で与えられているとき，これらを並べた $n \times n$ 行列 $P = [\boldsymbol{x}_1, \boldsymbol{x}_2, \cdots, \boldsymbol{x}_n]$ に対して

$$B = P^{-1}AP$$

$$= \begin{bmatrix} \alpha_1 & 0 & \cdots & 0 \\ 0 & \alpha_2 & \ddots & \vdots \\ \vdots & \ddots & \ddots & 0 \\ 0 & \cdots & 0 & \alpha_n \end{bmatrix} \quad (\text{対角行列}) \tag{5.7}$$

が成り立つ．ここで $\alpha_1, \alpha_2, \cdots, \alpha_n$ は，対応する固有ベクトルがそれぞれ $\boldsymbol{x}_1, \boldsymbol{x}_2, \cdots, \boldsymbol{x}_n$ となる行列 A の固有値である．

注意 5.3 ここでは P を定めるときの固有ベクトルの順序と，B の対角線上に表れる固有値の順序は一致する．

実際，$\boldsymbol{x}_1, \boldsymbol{x}_2, \cdots, \boldsymbol{x}_n$ が一次独立ならば行列 P は正則になる（⇨ p.112, 定理 4.4 ）．さらに $\boldsymbol{x}_1, \boldsymbol{x}_2, \cdots, \boldsymbol{x}_n$ は A の固有ベクトルであるから

$$AP = [\alpha_1 \boldsymbol{x}_1, \alpha_2 \boldsymbol{x}_2, \ldots, \alpha_n \boldsymbol{x}_n]$$

である．行列の積の定義を具体的に書き出してみると

$$P^{-1}[\alpha_1 \boldsymbol{x}_1, \alpha_2 \boldsymbol{x}_2, \cdots, \alpha_n \boldsymbol{x}_n] = [\alpha_1 P^{-1} \boldsymbol{x}_1, \alpha_2 P^{-1} \boldsymbol{x}_2, \cdots, \alpha_n P^{-1} \boldsymbol{x}_n]$$

ところが

$$[P^{-1} \boldsymbol{x}_1, P^{-1} \boldsymbol{x}_2, \cdots, P^{-1} \boldsymbol{x}_n] = E$$

であるからこれらを比較すると定理の結論を得る．

行列の対角化 このように，行列 A を対角行列 B に変換することを**行列の対角化**といい，対角化に用いる行列 P を**変換行列**という．

5.5 正方行列の正則行列による対角化

● **より理解を深めるために** ●

例 5.5　行列 $A = \begin{bmatrix} 3 & -5 & -5 \\ -1 & 7 & 5 \\ 1 & -9 & -7 \end{bmatrix}$ を対角化しなさい．　□

[解]　この行列の固有値・固有ベクトルについてはすでに例 5.3 (p.136) で求めている．その結果を用いて変換行列 P およびその逆行列を

$$P = \begin{bmatrix} 0 & 1 & 1 \\ 1 & -1 & -1 \\ -1 & 1 & 2 \end{bmatrix}, \quad P^{-1} = \begin{bmatrix} 1 & 1 & 0 \\ 1 & -1 & -1 \\ 0 & 1 & 1 \end{bmatrix}$$

とすると

$$P^{-1}AP = \begin{bmatrix} 1 & 1 & 0 \\ 1 & -1 & -1 \\ 0 & 1 & 1 \end{bmatrix} \begin{bmatrix} 3 & -5 & -5 \\ -1 & 7 & 5 \\ 1 & -9 & -7 \end{bmatrix} \begin{bmatrix} 0 & 1 & 1 \\ 1 & -1 & -1 \\ -1 & 1 & 2 \end{bmatrix}$$

$$= \begin{bmatrix} 2 & 0 & 0 \\ 0 & 3 & 0 \\ 0 & 0 & -2 \end{bmatrix}$$

と対角化できる．　■

注意 5.4　単に対角化するだけなら，固有値さえ求まればあとは必要ないのだが，変換行列の作り方によって求められる対角行列が変わる．「どういう変換行列をかけるとこのように対角化できる」と明示すべきであろう．

研究　問題 5.7 (1), (2) (p.139) の行列をそれぞれ対角化してみよう*．

問 5.10　次の行列をそれぞれ対角化しなさい．

(1) $\begin{bmatrix} 9 & 10 \\ -6 & -7 \end{bmatrix}$　(2) $\begin{bmatrix} 3 & -4 \\ 2 & -3 \end{bmatrix}$　(3) $\begin{bmatrix} 2 & -2 \\ 1 & -1 \end{bmatrix}$

(4) $\begin{bmatrix} 5 & -7 & -7 \\ -4 & 8 & 7 \\ 4 & -10 & -9 \end{bmatrix}$　(5) $\begin{bmatrix} 0 & 1 & 0 \\ 0 & 0 & 1 \\ -6 & 5 & 2 \end{bmatrix}$　(6) $\begin{bmatrix} 2 & 1 & -1 \\ 1 & 2 & -1 \\ 1 & 1 & 0 \end{bmatrix}$

---

*これらの行列は，変換行列 P をつくることができない (対角化出来ない)．

5.6　対角化の応用

行列のべき乗　行列の積を計算するのはなかなか面倒である．さらに3乗，4乗，したがって k 乗を直接計算するのは至難の業である．しかし行列の対角化を用いてこれを比較的容易に計算することができる．

n 次の正方行列 A が 正則行列 P を用いて 対角行列 B に $B = P^{-1}AP$ と対角化されたとする．このとき $n = 1, 2, 3, \cdots$ に対して

$$B^k = \begin{bmatrix} \alpha_1^k & 0 & \cdots & 0 \\ 0 & \alpha_2^k & \ddots & \vdots \\ \vdots & \ddots & \ddots & 0 \\ 0 & \cdots & 0 & \alpha_n^k \end{bmatrix} \tag{5.8}$$

と容易に計算できる．一方

$$B^k = (P^{-1}AP)^k = \overbrace{(P^{-1}AP)(P^{-1}AP)\cdots(P^{-1}AP)}^{P^{-1}AP\,\text{が}\,k\,\text{回}}$$
$$= P^{-1}\overbrace{A(PP^{-1})A(PP^{-1})\cdots A}^{PP^{-1}\text{が}\,k-1\,\text{回}\cdot A\,\text{が}\,k\,\text{回}}P$$
$$= P^{-1}A^k P$$

となるので，この両辺に左から P，右から P^{-1} をかけて

$$A^k = PB^k P^{-1} = P \begin{bmatrix} \alpha_1^k & 0 & \cdots & 0 \\ 0 & \alpha_2^k & \ddots & \vdots \\ \vdots & \ddots & \ddots & 0 \\ 0 & \cdots & 0 & \alpha_n^k \end{bmatrix} P^{-1} \tag{5.9}$$

となることがわかる．

＊　計算機を使えば行列の積・べき乗は煩雑ではあっても難しくはないが，行列の型が大きくなれば計算量が大きくなり，時間もかかる．しかしこの方法ならば計算量はそれほど大きくならない．他にも色々なケースで大型行列の計算を効率的に行う方法が研究されている．

5.6 対角化の応用

● **より理解を深めるために** ●

例 5.6 行列 $A = \begin{bmatrix} 3 & -5 & -5 \\ -1 & 7 & 5 \\ 1 & -9 & -7 \end{bmatrix}$ $(k=1,2,3,\cdots)$ に対して，A^k を求めなさい．

[解] 例 5.5 で A は

$$P = \begin{bmatrix} 0 & 1 & 1 \\ 1 & -1 & -1 \\ -1 & 1 & 2 \end{bmatrix}, \quad P^{-1} = \begin{bmatrix} 1 & 1 & 0 \\ 1 & -1 & -1 \\ 0 & 1 & 1 \end{bmatrix}$$

を用いて

$$B = P^{-1}AP = \begin{bmatrix} 2 & 0 & 0 \\ 0 & 3 & 0 \\ 0 & 0 & -2 \end{bmatrix}$$

と対角化されているので，

$$\begin{aligned} A^k &= PB^kP^{-1} \\ &= \begin{bmatrix} 0 & 1 & 1 \\ 1 & -1 & -1 \\ -1 & 1 & 2 \end{bmatrix} \begin{bmatrix} 2^k & 0 & 0 \\ 0 & 3^k & 0 \\ 0 & 0 & (-2)^k \end{bmatrix} \begin{bmatrix} 1 & 1 & 0 \\ 1 & -1 & -1 \\ 0 & 1 & 1 \end{bmatrix} \\ &= \begin{bmatrix} 3^k & -3^k + (-2)^k & -3^k + (-2)^k \\ 2^k - 3^k & 2^k + 3^k - (-2)^k & 3^k - (-2)^k \\ 3^k - 2^k & -2^k - 3^k - (-2)^{n+1} & -3^k - (-2)^{n+1} \end{bmatrix} \end{aligned}$$

と求めることができる．

問 5.11 次の行列の k 乗を求めなさい．

(1) $\begin{bmatrix} 9 & 10 \\ -6 & -7 \end{bmatrix}$
(2) $\begin{bmatrix} 3 & -4 \\ 2 & -3 \end{bmatrix}$
(3) $\begin{bmatrix} 2 & -2 \\ 1 & -1 \end{bmatrix}$

(4) $\begin{bmatrix} 5 & -7 & -7 \\ -4 & 8 & 7 \\ 4 & -10 & -9 \end{bmatrix}$
(5) $\begin{bmatrix} 0 & 1 & 0 \\ 0 & 0 & 1 \\ -6 & 5 & 2 \end{bmatrix}$
(6) $\begin{bmatrix} 2 & 1 & -1 \\ 1 & 2 & -1 \\ 1 & 1 & 0 \end{bmatrix}$

演習問題

例題 5.1 ──────────────────────── 行列の対角化 ──

行列 $A \neq O$ がべき零行列 (p.27) であるとき,A は対角化できないことを証明しなさい.

[解答] A が対角化できるとする.このとき正則行列 P,および A の固有値 $\alpha_1, \alpha_2, \cdots, \alpha_n$ を使って,

$$P^{-1}AP = \begin{bmatrix} \alpha_1 & 0 & \cdots & 0 \\ 0 & \alpha_2 & \ddots & \vdots \\ \vdots & \ddots & \ddots & 0 \\ 0 & \cdots & 0 & \alpha_n \end{bmatrix} \tag{a}$$

となる.$A^k = O$ とするとき,この両辺を k 乗すると

$$(P^{-1}AP)^k = P^{-1}A^k P = \begin{bmatrix} \alpha_1 & 0 & \cdots & 0 \\ 0 & \alpha_2 & \ddots & \vdots \\ \vdots & \ddots & \ddots & 0 \\ 0 & \cdots & 0 & \alpha_n \end{bmatrix}^k = \begin{bmatrix} \alpha_1^k & 0 & \cdots & 0 \\ 0 & \alpha_2^k & \ddots & \vdots \\ \vdots & \ddots & \ddots & 0 \\ 0 & \cdots & 0 & \alpha_n^k \end{bmatrix}$$

となる.これが O になるのだから,$\alpha_1 = \alpha_2 = \cdots = \alpha_n = 0$ となり,結局 $A = O$ となってしまう.これは矛盾である.

(解答は章末の p.154 以降に掲載されています.)

演習 5.1 正則でない正方行列は,0 を固有値に持つことを証明しなさい.

演習 5.2 A がべき等行列 (p.27) であるとき,A の固有値は 0 または 1 であることを証明しなさい.

演習 5.3 次の行列を対角化しなさい.

(1) $\begin{bmatrix} 1 & 2 & -2 \\ 3 & -5 & 3 \\ 3 & 0 & -2 \end{bmatrix}$ (2) $\begin{bmatrix} 1 & -2 & -2 \\ 2 & -3 & -2 \\ -2 & 2 & 1 \end{bmatrix}$

(3) $\begin{bmatrix} 4 & 3 & -3 \\ -1 & 2 & 1 \\ -1 & 1 & 2 \end{bmatrix}$ (4) $\begin{bmatrix} 2 & 2 & 1 \\ 1 & 3 & 1 \\ 1 & 2 & 2 \end{bmatrix}$

---- 例題 5.2 -- 行列の指数関数 ----

正方行列 A に対してその指数関数にあたる e^A を

$$e^A = E + \frac{1}{1!}A + \frac{1}{2!}A^2 + \frac{1}{3!}A^3 + \cdots + \frac{1}{k!}A^k + \cdots \qquad (a)$$

と，指数関数のテーラー展開の形を用いて形式的に定める．
A が対角化可能であるとき A の固有値を $\alpha_1, \alpha_2, \cdots, \alpha_n$，これに対応する対角化のための変換行列 P に対して

$$e^A = P \begin{bmatrix} e^{\alpha_1} & 0 & 0 & \cdots & 0 \\ 0 & e^{\alpha_2} & 0 & \cdots & 0 \\ \vdots & \ddots & e^{\alpha_3} & \ddots & \vdots \\ 0 & \cdots & 0 & \ddots & 0 \\ 0 & \cdots & 0 & 0 & e^{\alpha_n} \end{bmatrix} P^{-1} \qquad (b)$$

となることを示しなさい．

[解答] (a) の両辺に右から P，左から P^{-1} をかけると

$P^{-1} e^A P$
$= P^{-1}\left(E + \frac{1}{1!}A + \frac{1}{2!}A^2 + \frac{1}{3!}A^3 + \cdots + \frac{1}{k!}A^k + \cdots\right) P$
$= E + \frac{1}{1!}P^{-1}AP + \frac{1}{2!}P^{-1}A^2P + \frac{1}{3!}P^{-1}A^3P + \cdots + \frac{1}{k!}P^{-1}A^kP + \cdots$
$= E + \frac{1}{1!}[\alpha] + \frac{1}{2!}[\alpha^2] + \frac{1}{3!}[\alpha^2] + \cdots + \frac{1}{k!}[\alpha^k] + \cdots$
$= \begin{bmatrix} e^{\alpha_1} & 0 & 0 & \cdots & 0 \\ 0 & e^{\alpha_2} & 0 & \cdots & 0 \\ \vdots & \ddots & e^{\alpha_3} & \ddots & \vdots \\ 0 & \cdots & 0 & \ddots & 0 \\ 0 & \cdots & 0 & 0 & e^{\alpha_n} \end{bmatrix}$

となって (b) が得られる．

演習 5.4 次の各行列に対して,その指数関数を求めなさい.

(1) $\begin{bmatrix} 1 & 2 & -2 \\ 3 & -5 & 3 \\ 3 & 0 & -2 \end{bmatrix}$
(2) $\begin{bmatrix} 1 & -2 & -2 \\ 2 & -3 & -2 \\ -2 & 2 & 1 \end{bmatrix}$

(3) $\begin{bmatrix} 4 & 3 & -3 \\ -1 & 2 & 1 \\ -1 & 1 & 2 \end{bmatrix}$
(4) $\begin{bmatrix} 2 & 2 & 1 \\ 1 & 3 & 1 \\ 1 & 2 & 2 \end{bmatrix}$

演習 5.5 $n \times n$ 正方行列 A, B に対し,$P^{-1}AP = B$ が成り立つような正則行列 P を見つけることができるとき $A \sim B$ と表すことにする.このとき,次の性質が成り立つことを証明しなさい*.

(a) $A \sim A$
(b) $A \sim B$ ならば $B \sim A$ である.
(c) $A \sim B$ かつ $B \sim C$ であるならば,$A \sim C$ が成り立つ.
(d) $A \sim B$ のとき,A の固有多項式と B の固有多項式は等しい.

演習 5.6 前問の (d) の性質が成り立つことを用いて,$A \sim B$ ならばこれらの固有値,トレース,行列式の値は一致することを示しなさい.

---

* このうち (1), (2), (3) が成り立つことを「ここで定めた関係 $\sim$ は**同値関係**である」という.

問の解答（第5章）

問 5.1

(1) そのまま

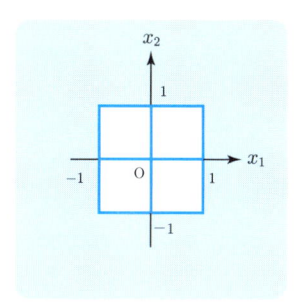

(2) 横に5倍，縦に3倍拡大

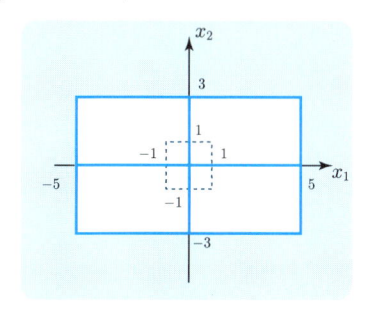

(3) 横軸対称移動，横に2倍拡大

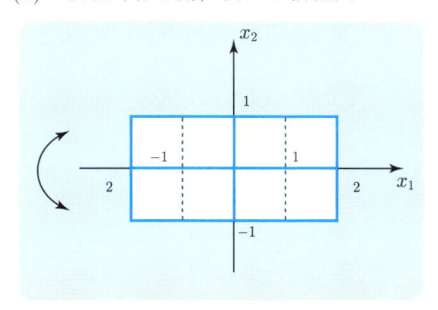

(4) 時計回りに60°回転

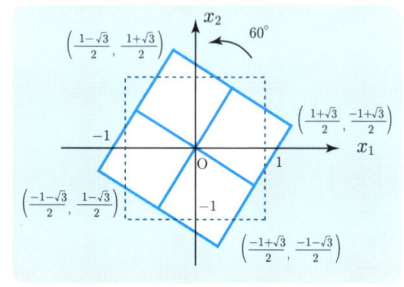

(5) 反時計回りに45°回転，2倍拡大

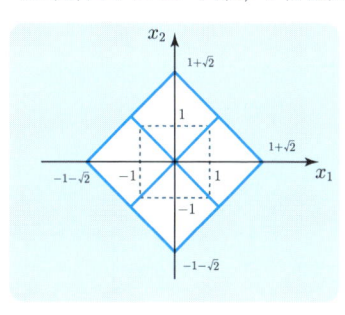

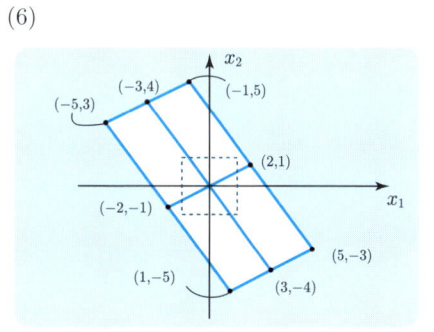

(6)

問 5.2 各自ていねいに書いてみよう．

問 5.3 (1) 平面 $y_1 + y_2 - y_3 = 0$

(2) 平面 $y_1 + y_2 - 3y_3 = 0$

(3) 平面 $3y_1 - 4y_2 + y_3 = 0$

問 5.4 (1) 固有値は $-1, 3$.

固有値 -1 に対する固有ベクトルは $k\begin{bmatrix} -1 \\ 1 \end{bmatrix}$ (k は定数). 固有値 3 に対する固有ベクトルは $k\begin{bmatrix} -5 \\ 3 \end{bmatrix}$.

(2) 固有値は $1, -1$.

固有値 1 に対する固有ベクトルは $k\begin{bmatrix} 2 \\ 1 \end{bmatrix}$ (k は定数). 固有値 -1 に対する固有ベクトルは $k\begin{bmatrix} 1 \\ 1 \end{bmatrix}$ (k は定数).

(3) 固有値は $1, 0$.

固有値 1 に対する固有ベクトルは $k\begin{bmatrix} 2 \\ 1 \end{bmatrix}$ (k は定数). 固有値 0 に対する固有ベクトルは $k\begin{bmatrix} 1 \\ 1 \end{bmatrix}$ (k は定数).

問 5.5 (1) 固有値は $5, 1, -2$.

固有値 5 に対する固有ベクトルは $k\begin{bmatrix} 1 \\ -1 \\ 1 \end{bmatrix}$ (k は定数). 固有値 1 に対する固有ベクトルは $k\begin{bmatrix} 0 \\ -1 \\ 1 \end{bmatrix}$ (k は定数).

固有値 -2 に対する固有ベクトルは $k\begin{bmatrix} 1 \\ -1 \\ 2 \end{bmatrix}$ (k は定数).

(2) 固有値は $3, 1, -2$. 固有値 3 に対する固有ベクトルは $k\begin{bmatrix} 1 \\ 3 \\ 9 \end{bmatrix}$ (k は定数).

問の解答 (第5章)

固有値 1 に対する固有ベクトルは $k\begin{bmatrix} 1 \\ 1 \\ 1 \end{bmatrix}$ (k は定数).

固有値 -2 に対する固有ベクトルは $k\begin{bmatrix} 1 \\ -2 \\ 4 \end{bmatrix}$ (k は定数).

(3) 固有値は $0, 1, -1$. 固有値 0 に対する固有ベクトルは $k\begin{bmatrix} 2 \\ -1 \\ 1 \end{bmatrix}$ (k は定数).

固有値 1 に対する固有ベクトルは $k\begin{bmatrix} 1 \\ -1 \\ 0 \end{bmatrix}$ (k は定数).

固有値 -1 に対する固有ベクトルは $k\begin{bmatrix} 1 \\ 0 \\ 2 \end{bmatrix}$ (k は定数).

問 5.6 (1) 固有値は 5. 固有ベクトルは $k\begin{bmatrix} 3 \\ -2 \end{bmatrix}$ (k は定数).
または固有空間が $2x_1 + 3x_2 = 0$.
(2) 固有値は 3. 固有ベクトルは $k\begin{bmatrix} 1 \\ -1 \end{bmatrix}$ (k は定数).
または固有空間が $x_1 + x_2 = 0$.
(3) 固有値は 7. 固有ベクトルは $k\begin{bmatrix} 1 \\ -1 \end{bmatrix}$ (k は定数).
または固有空間が $x_1 + x_2 = 0$.

問 5.7 (1) 固有値は -1 (重根), 3. 固有値 3 に対する固有ベクトルは $k\begin{bmatrix} 1 \\ 1 \\ 1 \end{bmatrix}$

(k は定数). 固有値 -1 に対する固有ベクトルは $k\begin{bmatrix} 1 \\ 1 \\ 2 \end{bmatrix}$ (k は定数).

(2) 固有値は -2 (重根), 7.

固有値 7 に対する固有ベクトルは $k \begin{bmatrix} 3 \\ 9 \\ 1 \end{bmatrix}$ (k は定数). 固有値 -2 に対する固有ベクトルは $k \begin{bmatrix} 3 \\ 0 \\ -1 \end{bmatrix}$ (k は定数).

(3) 固有値は 1 (重根), 2. 固有値 2 に対する固有ベクトルは $k \begin{bmatrix} 1 \\ 1 \\ 1 \end{bmatrix}$ (k は定数).

固有値 1 に対する固有ベクトルは 関係式 $x_1 + x_2 - x_3 = 0$ から, 例えば $k \begin{bmatrix} 1 \\ 0 \\ 1 \end{bmatrix}$ (k は定数) と $k \begin{bmatrix} 0 \\ 1 \\ 1 \end{bmatrix}$ (k は定数) ととればよい. 固有空間としては, 原点を含む平面 $x_1 + x_2 - x_3 = 0$ であるといえる.

(4) 固有値は 1 (重根), 0. 固有値 1 に対する固有ベクトルは $k \begin{bmatrix} 2 \\ 1 \\ 0 \end{bmatrix}$ (k は定数).

固有値 0 に対する固有ベクトルは $k \begin{bmatrix} 1 \\ 1 \\ 2 \end{bmatrix}$ (k は定数).

問 5.8 $A = [a_{ij}]$, $B = [b_{ij}]$, $AB = [c_{ij}]$, $BA = [d_{ij}]$ とすると行列の積の定義から

$$c_{ii} = \sum_{j=1}^{n} a_{ij} b_{ji} \text{ すなわち } \mathrm{tr}(AB) = \sum_{i=1}^{n} c_{ii} = \sum_{i=1}^{n} \sum_{j=1}^{n} a_{ij} b_{ji}$$

$$d_{ii} = \sum_{j=1}^{n} b_{ij} a_{ji} \text{ すなわち } \mathrm{tr}(BA) = \sum_{i=1}^{n} d_{ii} = \sum_{i=1}^{n} \sum_{j=1}^{n} b_{ij} a_{ji}$$

となる.

問の解答 (第 5 章)

問 5.9 $ABC = (AB)C = A(BC)$ であるから,問 5.8 の結果から証明される.

問 5.10 問 5.4, 5.5(1), (2), 5.7(3) の結果を用いる.

(1) 変換行列を $P = \begin{bmatrix} -1 & -5 \\ 1 & 3 \end{bmatrix}$ とすると $\begin{bmatrix} -1 & 0 \\ 0 & 3 \end{bmatrix}$ と対角化される.

(2) 変換行列を $P = \begin{bmatrix} 2 & 1 \\ 1 & 1 \end{bmatrix}$ とすると $\begin{bmatrix} 1 & 0 \\ 0 & -1 \end{bmatrix}$ と対角化される.

(3) 変換行列を $P = \begin{bmatrix} 2 & 1 \\ 1 & 1 \end{bmatrix}$ とすると $\begin{bmatrix} 1 & 0 \\ 0 & 0 \end{bmatrix}$ と対角化される.

(4) 変換行列を $P = \begin{bmatrix} 1 & 0 & 1 \\ -1 & -1 & -1 \\ 1 & 1 & 2 \end{bmatrix}$ とすると $\begin{bmatrix} 5 & 0 & 0 \\ 0 & 1 & 0 \\ 0 & 0 & -2 \end{bmatrix}$ と対角化される.

(5) 変換行列を $P = \begin{bmatrix} 1 & 1 & 1 \\ 3 & 1 & -2 \\ 9 & 1 & 4 \end{bmatrix}$ とすると $\begin{bmatrix} 3 & 0 & 0 \\ 0 & 1 & 0 \\ 0 & 0 & -2 \end{bmatrix}$ と対角化される.

(6) 変換行列を $P = \begin{bmatrix} 1 & 1 & 0 \\ 1 & 0 & 1 \\ 1 & 1 & 1 \end{bmatrix}$ とすると $\begin{bmatrix} 2 & 0 & 0 \\ 0 & 1 & 0 \\ 0 & 0 & 1 \end{bmatrix}$ と対角化される.

問 5.11 (1) $\dfrac{1}{2} \begin{bmatrix} 3 \cdot (-1)^{k+1} + 5 \cdot 3^k & 5 \cdot (-1)^{k+1} + 5 \cdot 3^k \\ 3 \cdot (-1)^k - 3^{k+1} & 5 \cdot (-1)^k - 3^{k+1} \end{bmatrix}$

(2) $\begin{bmatrix} 2 - (-1)^k & -2 + 2 \cdot (-1)^k \\ 1 - (-1)^k & -1 + 2 \cdot (-1)^k \end{bmatrix}$

(3) $\begin{bmatrix} 2 & -2 \\ 1 & -1 \end{bmatrix}$ (べき等行列である)

(4) $\begin{bmatrix} 5^k & -5^k + (-2)^k & -5^k + (-2)^k \\ -5^k + 1 & 5^k + 1 - (-2)^k & 5^k - (-2)^k \\ 5^k - 1 & -5^k - 1 + 2 \cdot (-2)^k & -5^k + 2 \cdot (-2)^k \end{bmatrix}$

(5)
$$\frac{1}{30}\begin{bmatrix} -6\cdot 3^k + 30 + 6\cdot(-2)^k & 3^{k+1} + 5 - (-2)^{k+3} & 3^{k+1} - 5 - (-2)^{k+1} \\ -6\cdot 3^{k+1} + 30 + 6\cdot(-2)^{k+1} & 3^{k+2} + 5 - (-2)^{k+4} & 3^{k+2} - 5 - (-2)^{k+2} \\ -6\cdot 3^{k+2} + 30 + 6\cdot(-2)^{k+2} & 3^{k+3} + 5 - (-2)^{k+5} & 3^{k+3} - 5 - (-2)^{k+3} \end{bmatrix}$$

(6)
$$\begin{bmatrix} 2^k & 2^k - 1 & -2^k + 1 \\ 2^k - 1 & 2^k & -2^k + 1 \\ 2^k - 1 & 2^k - 1 & -2^k + 2 \end{bmatrix}$$

演習問題解答（第5章）

演習 5.1　$|A|$ の固有値が 0 であるということは，固有方程式が $|A - 0E| = 0$ を満たすということである．

演習 5.2　$A^k = A\,(k > 1)$ とする．5.6節の方法によって A^n を計算し，$n = 1$, $n = k$ の場合を比べてみよう．

演習 5.3　(1) 変換行列を $P = \begin{bmatrix} 1 & 0 & -1 \\ 1 & 1 & 4 \\ 1 & 1 & 1 \end{bmatrix}$ とすると $\begin{bmatrix} 1 & 0 & 0 \\ 0 & -2 & 0 \\ 0 & 0 & 5 \end{bmatrix}$ と対角化される．

(2) 変換行列を $P = \begin{bmatrix} 1 & 1 & -1 \\ 1 & 0 & -1 \\ 0 & 1 & 1 \end{bmatrix}$ とすると $\begin{bmatrix} -1 & 0 & 0 \\ 0 & -1 & 0 \\ 0 & 0 & 1 \end{bmatrix}$ と対角化される．

(3) 変換行列を $P = \begin{bmatrix} 1 & 0 & 1 \\ 0 & 1 & -1 \\ 1 & 1 & -1 \end{bmatrix}$ とすると $\begin{bmatrix} 1 & 0 & 0 \\ 0 & 3 & 0 \\ 0 & 0 & 4 \end{bmatrix}$ と対角化される．

(4) 変換行列を $P = \begin{bmatrix} -2 & -1 & 1 \\ 1 & 0 & 1 \\ 0 & 1 & 1 \end{bmatrix}$ とすると $\begin{bmatrix} 1 & 0 & 0 \\ 0 & 1 & 0 \\ 0 & 0 & 5 \end{bmatrix}$ と対角化される．

演習 5.4　省略

演習 5.5　省略

演習 5.6　省略

索　引

あ　行

一次従属　104
一次独立　104
1次変換　9, 127
位置ベクトル　104
一般解　56
一般解と基本解　56

上三角行列　14

か　行

階数　42
階段行列　42
解の一意性　48
解の自由度　48
解の存在条件　46
可換　22
拡大係数行列　36
環　23

基底　104, 115
基本解　56
基本行列　50
基本行列による変形定理　52
基本行列の正則性　50
基本ベクトル　104
逆行列　6, 22, 82
　　——の計算　52
　　——の性質　24
逆変換　6, 128

行　3
　　——基本変形　38
　　——に関する交代性　70
　　——に関するスカラー倍の保存性　70
　　——に関する線形性　68
　　——に関する掃き出し不変性　68, 72
　　——に関する和の保存性　70
　　——ベクトル　3, 14
行列　3, 12
　　——の型　3
　　——の固有値　134
　　——の固有ベクトル　134
　　——の差　16
　　——のスカラー倍　16
　　——の積　5, 18
　　——の相等　16
　　——の対角化　142
　　——の和　16
行列式　7, 64
　　——による正則性の判定　74
　　——の対称性　76
　　——の定義　64
　　——の展開　80

クラメールの公式　84
クロネッカーのデルタ　15
群　25

係数行列　36
結合法則　20

交換法則　20
交代行列　27
恒等変換　7
固有空間　135
固有多項式　134
固有値　134
固有ベクトル　134
固有方程式　134

さ　行

座標　107
座標系　104
サラスの方法　65

次元　115
指数と指数法則　26
次数を下げる公式1　72
次数を下げる公式2　76
下三角行列　14
実ベクトル空間　115
始点　98
自明な解　56
重根　138
終点　98
小行列　26
消去法　38

数ベクトル　14, 107, 109
スカラー行列　14
スカラー倍についての法則　20

正規直交基底　107, 109
正射影　102
正則行列　22
正則な線形変換　129
成分　12, 107, 109
正方行列　14
積についての法則　20
積の保存性　74

線形　9
線形空間　114
線形性　9
線形変換　9, 126
線分　98

像　127

た　行

展開式　80
　　第 j 列についての――　80
対角行列　14
対角成分　14
対偶　119
対称行列　27
単位行列　14

直交行列　27

転置行列　14
　　――の性質　14
転倒　64
転倒数　64

同次連立1次方程式　56
同次連立1次方程式の解　56
同値関係　148
トレース　140

な　行

内積　102, 121
長さ n の順列　64

は　行

掃き出し法　40
掃き出す　40

非可換　　　22
非可換環　　23
等しい　　　16
表現行列　　3, 127
標準形　　　42

ファンデルモンドの行列式　　86
複素ベクトル空間　　115
部分空間　　116
ブロック分割　　26
分配法則　　20

べき等行列　　10, 27
べき零行列　　10, 27
ベクトル　　98, 114
ベクトル空間　　114
変換行列　　142
変形定理　　42

ま　行

右手系　　107

無限次元　　115

や　行

有向線分　　98

余因子　　78
余因子行列　　82

ら　行

零因子　　22
零行列　　12
零ベクトル　　14, 101
列　　3
　——基本変形　　39
　——ベクトル　　3, 14, 36
連立1次方程式の行列表現　　36

わ　行

和についての法則　　20

欧　字

$|A|$　　7
$\det A$　　7
n 次元ユークリッド空間　　114

著者略歴

坂田 浩（さかた ひろし）

1957年　東北大学大学院理学研究科数学専攻 (修士課程) 修了

現　在　岡山大学名誉教授

曽布川 拓也（そぶかわ たくや）

1992年　慶應義塾大学大学院理工学研究科数理科学専攻 (博士課程) 修了

現　在　早稲田大学グローバルエデュケーションセンター教授

数学基礎コース＝**C1**

基本 線形代数

2005年12月10日© 初版発行

2018年 3月25日 初版第3刷発行

著　者　坂田 浩　曽布川拓也

発行者　森平敏孝

印刷者　杉井康之

製本者　小高祥弘

発行所　株式会社 サイエンス社

〒151–0051　東京都渋谷区千駄ヶ谷1丁目3番25号

営業 ☎ (03) 5474–8500 (代)　振替 00170–7–2387

編集 ☎ (03) 5474–8600 (代)

FAX ☎ (03) 5474–8900

印刷　(株) ディグ　　製本　小高製本工業 (株)

《検印省略》

本書の内容を無断で複写複製することは，著作者および出版者の権利を侵害することがありますので，その場合にはあらかじめ小社あて許諾をお求め下さい．

サイエンス社のホームページのご案内
http://www.saiensu.co.jp
ご意見・ご要望は
rikei@saiensu.co.jp まで．

ISBN4–7819–1106–4

PRINTED IN JAPAN

基本 微分積分
坂田著　2色刷・A5・本体1850円

微分積分の基礎
寺田・中村共著　2色刷・A5・本体1480円

基本例解テキスト 微分積分
寺田・坂田共著　2色刷・A5・本体1450円

基礎 微分積分
洲之内治男著　A5・本体1456円

新版 演習微分積分
寺田・坂田共著　2色刷・A5・本体1850円

演習微分積分
寺田・坂田・斎藤共著　A5・本体1456円

基本演習 微分積分
寺田・坂田共著　2色刷・A5・本体1600円

演習と応用 微分積分
寺田・坂田共著　2色刷・A5・本体1700円

＊表示価格は全て税抜きです．

―サイエンス社―